dashou huanying de zuoshi fangshi

送给年轻人的社交技能手册

大受欢迎的做事方式

人的一生，立身处世的根本不外乎两件事：

一是做人，二是做事。是否会做事，

决定了一个人成就的高低和生存的状态。

郑一◎编著

让智慧在社交中启迪，让道理在做事中领悟。

理顺烦躁而杂乱的生活，赢得人生至高的成就。

中国纺织出版社

内 容 提 要

年轻人闯荡社会，做事的智慧和谋略不可小视。会做事的人在社交活动中如鱼得水，处处春风得意；不会做事的人纵使才华横溢，也可能无用武之地。

书中引用诸多贴近现实生活的案例，以细腻的笔触结合社会生活中的规则进行分析，让年轻人学会谨言慎行、灵活变通，聪明地待人接物。作者从做事情商、做事策略、做事心态、做事原则、做事思维、沟通技巧、职场相处、朋友相交、恋人交往、家庭生活等多个方面，剖析受人欢迎的做事技巧，帮助读者提升社交能力，成为社交赢家。

图书在版编目(CIP)数据

大受欢迎的做事方式/郑一编著.—北京：中国纺织出版社，2016.5（2022.8 重印）

ISBN 978-7-5180-2495-7

Ⅰ.①大… Ⅱ.①郑… Ⅲ.①成功心理—通俗读物

Ⅳ.①B848.4-49

中国版本图书馆 CIP 数据核字(2016)第 064698 号

责任编辑：闫 星　　责任印制：储志伟

中国纺织出版社出版发行

地址：北京市朝阳区百子湾东里 A407 号楼　邮政编码：100124

销售电话：010—67004422　传真：010—87155801

http://www.c-textilep.com

E-mail:faxing@c-textilep.com

中国纺织出版社天猫旗舰店

官方微博 http://weibo.com/2119887771

佳兴达印刷（天津）有限公司印刷　各地新华书店经销

2016 年 5 月第 1 版　2022 年 8 月第 4 次印刷

开本：710×1000　1/16　印张：16.5

字数：194 千字　定价：45.00 元

前言

做事是一门学问，也是一种智慧，在社会上经过打拼最后得以成功的人，往往都是社交高手。善于社交的人，不一定有很高的学历，但在社交场合上却能表现得游刃有余。丰富的社交经验，让他能洞悉人内心的真实想法，能与各种各样的人交往，能在社会上左右逢源，能周旋于各种社交场合。

20 岁，是人生的一道分水岭。20 岁前，年轻人可以无忧无虑地做个不谙世事的孩子，但是 20 岁后，年轻人就必须学着建立自己的社交圈，打造自己的关系网，在社会这个大熔炉中磨练自己，让自己最终能拥有驰骋社交场的能力，收获叱咤人生。

年轻人懂得社交，就会让自己的工作更加顺利，会让自己和他人的关系更加和谐、融洽。这不仅直接影响到我们以后的人际关系，也直接关系到我们在工作、事业上的表现和成绩。因为一个人缘好的人，人们总是会不由自主地支持他。而一个不会社交的人，就会处处树敌。这样一来，不仅自己的人际关系处理不好，工作和事业也会受到很大的影响。所以，20 岁以后的年轻人要想让自己的未来一片精彩，要想让自己有所成就，就应该主动学一些社交知识。

社交也是一种展现个人魅力的方式，从外在形象到语言，从语言到心理，都会给他人留下一个深刻的印象，并直接影响到以后的交往。年轻人要想在做事中给别人留下好印象，首先应该知道什么样的形象是好形象，然后再朝向着这些目标不断努力，直到自己拥有了这样一种社交形象。

社交活动中仅有好形象是不够的，人们在交往的过程中，有时也会运用社交心理处理社交问题。年轻人要想在社会上更好地生存发展，就要能参透人们的这些心理，并学会用这些心理来读懂对方的真实意图，更好地打造自己的人际网，同时更好地保存自己的实力，谋得更长远的发展。打心理战，不是阴险狡诈，不是意图不轨，反而是成熟的表现，这是人际交往中必不可少的。

再次，要想人际交往愉快，仅仅知道这些还是不够的。年轻人要想让自己的社交更顺利，最应该掌握的是和不同人打交道的人际交往策略。要想在职场上一帆风顺、节节高升，就应该知道如何和上司交往；要想和同事处好关系，就应该知道和同事相处的原则；要想友谊长存，就应该知道维护友谊之道；要想家庭美满幸福，就应该懂得呵护爱情之花；要想在竞争中不断前进，就应该知道如何和对手相处。知道了这些知识，并将其运用好了，年轻人才能更有效地和他人交往。

要想让自己的社交方式成熟，和他人之间的交往顺利，那么就请打开本书，熟读自己想要的内容，并将其应用于实践中，功效自然显现。

编著者
2016 年 3 月

上篇　20 岁后受人欢迎的做事原则

中篇 20 岁后应该熟稔的社交智慧

下篇 20岁后不可不懂的做事策略

上篇

20 岁后受人欢迎的做事原则

第一章 20 岁后做事会表现自己

对年轻人来说，社会是一个高深的学府，这个学府不像学校，因为它直接影响到年轻人以后的工作和事业、交往和生活。作为刚成人的年轻人，要想让以后的社交更加成熟，首先应该先为自己打造一个良好的社交形象。因为形象的好坏，直接关系到他人对我们印象的好坏，并会影响日后对方和我们的交往。

借助良好形象赢得他人好感

个人形象的成败往往决定一个人社交的成功与否。18 岁以后的我们即将步入社会,甚至有的已经步入了社会,独立闯荡。要想让我们的社交有个好的开端,首先应该树立一个良好的个人形象。

我们中的很多人可能对此有疑问,个人形象真的有那么重要吗?想想那些和我们初次见面的人,是不是他的形象会影响我们的判断?一个衣着得体、谈吐文雅的人和一个邋里邋遢、满嘴脏话的人,哪个更能唤起我们的好感?结论是毋庸置疑的。虽然人们经常说,人不可貌相,但是人与人在打交道时,尤其是初次见面时,只能从对方的外貌、打扮、谈吐上对其身份、职业进行大体的判断。

所以,要想让以后的人际交往更顺利,首先要塑造好自己的个人形象。良好的个人形象不仅仅是穿着的得体、打扮的适当等这些外在的方面,还包括我们内在的文化素养以及文雅的举止。因此,要想塑造良好的个人形象,我们需要做到内外兼修。那么,作为刚步入社会的年轻人,应该如何塑造良好的个人形象呢?

穿衣打扮要得体:18 岁的年轻人大部分还处在上学阶段,所以穿衣打扮要符合学生身份。穿衣要干净整洁,尺码合身,颜色风格相协调。身为在校学生,不能打扮得太过前卫,也不能太过随便,应该恰到好处。18 岁的少女参与社交活动时,应该适当地化妆,但是身为学生的少女,化妆时一定不能太过,略施粉黛的效果比浓妆艳抹更容易让人接受。进入职场后,很多公司要求女孩子必须化妆,化妆既是对自己形象的保持,也是尊重别人的表现。

言谈举止要大方:无论年轻人是身在学校还是社会,少不了要和别人打交道。不管是和什么样的人交往,最重要的就是举止大方。举止大方的人,别人才容易亲近你;举止大方的人,别人才愿意继续与你交往。一个人如果总是喜欢斤斤计较,总是喜欢占别人的小便宜,他的自私自利很容易伤害到其他人的利益。一个宽容大方的人很容易被人接纳,一个斤斤计较的人很容易被人排斥。基于这个道理,我们现在就应该树立起宽容大方的个人形象。

说话办事和自己的身份、地位相匹配:作为青年人的我们,应该有个和我们年龄相符的心理,所以无论说话、做事还是思考问题,都不能再从孩子的角度出发,而是应该符合自己的身份和地位。太幼稚,显得做作;太成熟,显得老成。只有符合身份、地位的谈话、做事才能彰显个人的成熟和气度。也只有在这个基础上的人际交往,才会让别人觉得舒服,并有继续交往下去的愿望。

良好的个人形象,是我们青年人进入社会、和他人进行交往的前提,一个形象不好的人,不可能赢得他人的喜欢和支持,不可能建立起强大而结实的人脉网,不可能成就一番事业。良好的个人形象,不是一件不屑一顾、不值得花费时间和精力的琐碎小事,而是一件关系到我们未来的大事。一个不经意的细节,可能会让我们功亏一篑;一句有失身份的话语,可能会伤害到别人。所以,虽然我们现在尚年轻,心理还不是很成熟,但是塑造良好的个人形象同样是我们应该做的。良好的个人形象,不仅可以展现我们的个人魅力,还可以引领我们走向人生的辉煌。

如果现在的你,还不知道怎么打造适合自己的良好的个人形象,可以咨询老师,可以请教同学,可以询问父母。当找到自己应该塑造的良好形象时,再不断地努力,终有一天,你会以一个完美的个人形象出现在人生的舞台上,终会实现人生的飞跃,实现自我的价值。

广泛交友需要诚实守信作为通行证

一个人立身处世，首先应具有的品德就是诚实守信。古人很早以前就告诉我们人无信不立，年轻人在踏入社会以后，首先应该树立起诚实守信的形象。只有讲诚信，才能交到更多的朋友；也只有讲诚信，才能最终成就一番事业。

诚信是我们为人处世、待人接物应当具备的品质。一个人是不是讲诚信与这个人的年龄、受教育程度无关，它直接反映出的是这个人的品德问题。古代的人们非常看重自己的诚信，我们熟知的那些经典语句就是最好的反映，“一言既出，驷马难追”“民无信者，行不果”“民无信不立”等关于诚信的古代名言，就是当时有志之士严格要求自己讲诚信的标准。

现代社会，同样要求人们讲诚信。诚信不仅是我们进入社会、造福国家的保障，也是我们广交好友的通行证。没有人喜欢自己的朋友是个不讲诚信、不守诺言的人。不讲诚信的人始终在围着自己的利益转，在他们的世界里，朋友同样是可以坑害的人。除了自己，其他人都是不能信的，时间一久，有谁愿意和这种时时想着算计他人的人交朋友呢？

诚信是一种社会道德规范，它指导着我们的行为方向。它要求我们能够以知行合一的态度对待自己身边的人和事。所以我们一定要从小就养成诚实守信的好品质，督促自己做个诚实守信的人。

历史上的很多仁人志士都是我们学习的榜样，他们将诚实守信作为自己的人生信条，他们也因此得到了朋友的赏识和称赞，这样的佳话至今流传不息。

秦末有个叫季布的人，一向说话算数，许多人都喜欢和他交朋友，因为

季布非常讲诚信，当时的社会上曾流传着这样的谚语：“得黄金百斤，不如得季布一诺。”后来，季布由于得罪了汉高祖刘邦，被悬赏捉拿，结果季布旧日的朋友根本就不受重金所惑，他们冒着灭九族的危险来保护季布，使他免遭灾祸。在这帮朋友的帮助下，季布平安度过了这一劫。

一个人诚实守信，自然就会有很多人愿意和他交往，也自然就会得道多助，能够得到大家的支持和爱护。相反，如果一个人整天就知道围着自己的利益转，经常贪图小便宜，时间一久，自然就会失信于人。长此以往，虽然他得到了很多的小实惠，但是他的名誉却因此而毁了。一旦失信于朋友，就算这个人再优秀，也不会再有人和他交往，因为他已经将自己最珍贵的品德丢失了。

年轻人正站在人生的岔路口上，如果让眼前的利益蒙蔽了双眼，就会做出错误的选择。很多年轻人在这个岔路口只看到了名利的辉煌，只看到了权力的耀眼，他们看不见的是自己以后的形单影只，看不到自己以后的人生凄凉。如果一个人对自己的朋友都不讲诚信，试想一下，他能对陌生人讲诚信？他能对只有一面之缘的人讲诚信？甚至是对和他有利益瓜葛的人讲诚信？这真的是天方夜谭。

朋友是一个人孤苦伶仃时的依靠，是一个人身处困难时的援助者，是一个人艰难打拼时的伙伴。朋友对自己的帮助，往往是不求回报的。我们年轻人现在正处在人生的关键时刻，此刻结交的朋友，往往是一辈子的朋友，因为彼此没有利益的干涉，没有权力的争夺，没有金钱的笼络，彼此之间的友谊是最纯洁、最纯真的，如果此时因为我们的不讲诚信，让朋友远离而去，等到我们备感孤独的时候，后悔已经来不及了。

诚实守信是一个人立身处世的根本，是一个人广交好友的基础和前提，也是一个人以后能够幸福生活的根本保障。我们现在即将进入社会，未来的一切都等待着我们去开创，不管是工作也好，还是我们的日常生活也罢，都是以诚信为基础的。没有诚信，不管拥有多么耀眼的成就，终会是海市蜃楼、空中楼阁，只有诚实守信，我们才能一步步地走向成功。

人们乐于亲近举止得体的人

人的举止是一种无声语言，举止得体是一个人有涵养的直接彰显，同时也是让人接近的前提。

所谓举止得体就是人们在不同的场合下，语言、动作以至表情都恰如其分。具体地说，就是在某种特定的场合，和某个人说某件事，我们的语言最得体，我们的动作最恰当。说出的话、做出的动作、呈现的表情，既能合乎场合的需要，也能合乎人们之间相互关系的需要。

不管未来的我们从事什么样的工作，接触到什么样的人，我们举止的得体与否直接影响到对方是不是想和我们继续交往下去。举止的得体不仅可以反映出我们是不是注意自己的形象，也可以看出我们的礼仪是不是得体、到位。如何才能让我们的举止表现得更加得体呢？

首先，整洁讲卫生。不管是和什么样的人交往，我们首先要保证的是，面容整洁，头发整齐，牙齿洁净、口气清新，双手干净。所以，我们平时要养成勤洗手、勤剪指甲的习惯，衣服要干净整洁，勤洗澡、勤换衣服，避免身上有异味。

其次，动作要文明优雅。不要在人前做些不雅的动作，比如剔牙齿、抠鼻孔、挖耳屎、修指甲，甚至是搓泥垢，这些都是应该避开他人的行为，在人前做这样的动作，既不雅观，也不尊重对方。我们在说话的时候，应该注意不要让自己唾沫横飞，要和倾听者保持一定的距离。咳嗽或者打喷嚏的时候应该用手掩住自己的口鼻，不要喷在别人的身上。和人交谈的时候，不要吃有刺激味儿的食物，如葱、蒜、韭菜等。

外表整洁文明、动作文明优雅，仅仅是举止得体的一个小方面，得体的

举止,更需要友善的言行、优雅的风度以及文明的语言。而这些都是在我们的一言一行、一举一动,甚至是一个个表情中所体现出来的。所以,为了让我们的举止更加得体,我们就应该从细节做起,只要自己的态度正确,就算再琐碎的事情,一样可以体现出我们的修养和气度。

我们在生活中经常会见到一些这样的人,他们动作粗鲁、态度生硬、语言狂放,总是以一副唯我独尊的态度对待身边的人,这样的人只知道自我满足,不会顾及其他人的感受,所以这样的人很容易得罪他身边的人,即使是对朋友,他依然我行我素。这些人之所以会有这样的举止,就是因为他们不知道尊重他人,不知道顾及别人的感受,不知道该如何和别人更好地相处。于是他们没有朋友很正常,客户离去很自然,因为所有的举止都在向对方传递这样一个信息:这个人是没有修养的。试想,还有谁愿意和这样的人交往。

相比起这些举止不得体的人来说,有修养的、举止文明的人就是比较智慧的人了,他们知道自己的一举一动都是一种无声的语言,一个表情都会泄露自己心里的秘密,这样的人在和别人相处的时候,总会让人有种如沐春风的感觉。他们和蔼的态度,优雅的举止,总会让人心旷神怡。他们不会因为自己的地位、身份比朋友优越,就让自己表现得咄咄逼人;不会因为自己的富有、名气就让自己表现得高高在上。他们不会向别人炫耀自己,在生活中总是表现得非常谦虚谨慎,他们总是通过自己的行为而不是言语来表现内在的品行。所以,和这样的人交往,他们不会让你感受到身份卑微、地位低下,不会让你感受到拘谨不自在。正是因为得体的举止,所以,他们的人缘特别好。

年轻人刚刚进入社会,有很多的东西是要学习的,如果我们举止不得体,别人很容易将我们拒之门外。文明得体的举止,不仅仅是我们展现自己形象和修养的一种方式,也是让别人接纳我们的最优渠道。

希望我们每个人都能用文明得体的举止为自己树立好形象。

用幽默风趣让自己成为焦点

幽默风趣的人，往往能博得众人的欣赏和喜欢，因为他的幽默风趣很容易让人消除陌生感，消除彼此之间的隔阂。作为刚成年的年轻人，同样应该学会让自己具有一定的幽默感，因为只有这样，我们才会成为受别人欢迎的人。

幽默感不是与生俱来的，而是在后天的生活中逐渐培养出来的。一个不懂幽默的人，往往会被人认为是单调、乏味、非常严肃、不好接近的；而一个懂得幽默的人，不管在什么场合，总能活跃气氛，让人们在哈哈一笑中愉快地进行沟通。

幽默风趣，在人际交往中的作用是不能低估的，幽默具有感染力，它能融洽人们之间的关系，活跃社交气氛，利于人们之间的交流。一句幽默的话，一个风趣的小故事，往往能让疲劳的人笑逐颜开。

幽默不仅可以活跃气氛，幽默还能将教育、批评、不满包含其中，既能向对方提出不满，表达自己的意见，又能善意地批评对方，避免给对方带来尴尬。

一个顾客在饭店吃饭的时候，将米饭里面的沙子一个个堆在了桌子上，服务员很尴尬地问道："净是沙子，是吗？"顾客说道："不，也有米饭。""也有米饭"既很直观地表示了顾客的不满，也对饭店的不周提出了批评。

幽默风趣还能用来自嘲。在一些正式的场合，经常会出现一些难以预料的状况，直接承认自己的错误，很容易让当事人陷入尴尬的场面，而使用幽默风趣的语言，往往能让当事人在轻松愉快的气氛中，摆脱尴尬的处境。

一个节目主持人在上台的时候，突然跌倒了，所有的观众都在注视着她，只见她慢慢地爬起来，笑着对观众说道："观众的热情实在是太高了，我情不自禁地为你们跌倒了。”一句话,令场下观众的掌声如潮水般响起。人们佩服主持人的聪明机智,更佩服她自嘲的勇气。

既然幽默风趣具有如此多的作用,那我们在平时的生活中该怎样让自己变得幽默风趣呢?

首先应该博学多识,长期积累,并不断训练我们的语言表达能力。幽默风趣的人,往往学识都比较渊博,他们可以从一点扩展到面,可以从一个方面的知识联想到其他方面的知识。年轻人正处于学习的大好时光,应该做的就是多读书、读好书,让自己的知识面变得更加宽广。还可以多和别人沟通交流,一来可以互通信息,二来可以锻炼自己的语言表达能力。幽默风趣不是一朝一夕就能练就的,它需要我们有持久的毅力和必胜的决心。

其次要多收集一些幽默的例子,勤于思考,让这些例子烂熟于心。有些年轻人也想幽默地表达某件事,但是因为自己知道的少,所以不知道如何幽默地表达。为避免这样的情况,平时应多读些幽默故事,从这些幽默的故事中吸取精华,当量变达到质变时,自然就会出口成章,这就是所谓的厚积薄发。

再次要乐观豁达、心胸开阔、善解人意。幽默的人往往会用幽默的语言和人交流,就算是面对一些不满的事,他也不会大发雷霆,因为这样既让别人下不来台,也让自己失态。他之所以能用幽默化解,就是因为他有一颗善解人意的心,能体谅到别人的难处;有豁达的心胸,能容人之过。

虽然幽默风趣的谈话,能显示人的乐观机智,但不是所有的幽默都能化解尴尬、消除双方之间的紧张气氛,如果故意用幽默为自己的错误狡辩,无疑是在火上浇油,很容易激化双方之间的矛盾。

一个顾客去饭店吃饭,在汤里面竟然发现了只苍蝇,于是他将服务员叫过来,问道:“这里面怎么会有苍蝇呢?”服务员故意装作听不懂的样子,说道:“我想它是在游泳呢。”服务员曲解了顾客的意思,让顾客非常恼怒。

所以,我们在使用幽默的时候,应该让自己的幽默高雅得体,态度谦虚和善,而不是故意曲解对方的意思,忽视对方所表达的意见和不满。

幽默风趣是人际交往的润滑剂，是我们展示自己才华的一种方式。恰当使用幽默法则，发挥幽默的功效，我们就可成为别人注目的焦点。

主动热情地去和他人打成一片

每个人都会有这样的体会，如果和一个主动热情的人交往，这个人很容易博得我们的好感，我们也很愿意和他交朋友；而一个冷冰冰的、待人冷漠的人，我们情愿将他拒之门外。因为人们之间的感情是相互的，别人用什么样的态度对我们，我们也会用同样的方式回馈对方。

刚成年的年轻人，在和别人交往的时候，要想让自己尽快融入对方的圈子中，让对方尽快地接受我们，最有效的方法就是主动热情地对待对方。主动热情在人际交往中的作用很大，很多人之所以待人冷漠，就是因为他对其他人、其他事不感兴趣，因为不感兴趣，所以对方说的话，就会从他的世界自动屏蔽。以致经常会有这样的情况发生，在与他说话的时候，他却表现出一副似听非听的神情。最后的结果是我们说的话，他根本就没有听进去；我们所做的动作，他根本就没有看见。之所以有这样的结果，是因为他对我们的事根本就没有一点热情。

己所不欲，勿施于人。我们在和别人交往的时候，如果不想出现这样的情况，就应该学会待人主动热情。

主动热情的前提是兴趣：我们要想让自己尽快和陌生人打成一片，最重要的是表露出自己对对方的兴趣。对方在充满热情地和我们谈话，我们却表现出一副爱听不听的样子，就是再有热情的人，看见我们这副表情，也会心生怒火，中止谈话，而且这样的表情是对对方的不尊重。假如对方说的话的确是我们不感兴趣的，为了让谈话继续，我们可以有礼貌地转移话题，但

是转移话题的时候也要顾及对方的感受，我们可以谨慎地说："说到这个问题，我想到了另外一个和此事有关联的问题，不知道你有没有兴趣？"既能转移话题，也能不伤对方的面子。

主动热情的保障是善解人意：我们要想热情主动地对待身边的人，首先应该有一颗善解人意的心，倾听别人的倾诉，在别人的倾诉中，说出自己的感受。有时候，认真的倾听也是一种积极的反馈，能让对方更有交谈下去的愿望。很多人喜欢向别人倾诉，目的往往很单纯，仅仅是宣泄那些积压在心底的事，让自己的感情有个发泄的地方。如果我们有颗善解人意的心，就会在听别人讲述的时候，能够理解他的感受，能感受得到他的内心。而如果我们不善解人意，对方刚刚开始讲述，就不断打断他，甚至在他讲述的过程中批评他的做法或者是言论，这样的反馈只能引发你们之间的争吵，怎么可能会让他继续谈下去？

主动热情的基础是礼貌：主动热情地对待身边的人，还要注意礼貌问题，一个讲礼貌的人，很容易让别人对他产生好感。我们礼貌地对待对方，对方肯定也会礼貌地对待我们。同时还要坦诚。有些人为了让对方尽早地接纳自己，经常表现得很虚伪，虚伪的客气、虚伪的风度，以换得对方的好感，这种虚伪的礼貌光环往往会在以后的交往中逐渐褪去，总有一天会露出本来的面目。所以，不管时间、地点、场合，我们热情对待他人时，一定要坦诚。

主动热情的关键是微笑：主动热情的人，往往是经常面带笑容的人，不是因为他们心里有什么值得高兴的事，而是因为他们不喜欢将自己内心的情绪表露在面孔上。其他人是无辜的，没必要和自己承担一样的情感，尤其是悲伤。对待他人，我们同样应该有此意识，要想主动热情地对待别人，我们就要学会笑脸迎人，如果整天拉着一张脸，有谁愿意和我们接近呢？

最后，我们应该注意的是，主动热情是好事，但是凡事都有度，热情同样如此，热情过度，也会让别人难以接受。热情过度容易弄巧成拙，热情不够，又容易让人感受不到我们的诚意。所以，待人热情时，一定要拿捏好尺度。

希望进入社会的年轻人,都能热情主动地和他人打成一片。

克服了缺点才能更好地展示自我

每个人都希望在社交场合中,将自己完美的一面展示出来。但是在社交场合,经常会有些意外情况的发生让人猝不及防。发生的事情,或许正好触犯到自己的雷区,如果发作出来,肯定会让自己颜面扫地,也会让别人束手无策。刚成年的年轻人血气方刚,经常会意气用事,如果在社交场合任由自己感情用事,肯定会损毁自己的形象。在社交场合我们应该如何克服缺点,尽情展现完美的自我呢?

首先最重要的就是克服我们身上的一些缺点,以下这些方法或许会对我们有所帮助。

(1)加强自制力:一个自制力强的人,往往很会控制自己的情绪,喜怒不形于色。要想提高我们的自制力,就应该在生活中加强锻炼。如强迫自己每天做一件不喜欢干的苦差事,选择什么样的苦差事无所谓,关键是培养自己坚持的毅力,只要自己能坚持下来,就达到了目的。

(2)加强思想修养:人的自制力往往取决于人的思想,一般来说,如果一个人的思想素质比较高,具有崇高的思想境界,就不会为那些繁琐的小事而大伤脑筋、大动干戈,也不会在社交场合失态。加强思想修养,要求我们具有正确的人生观、价值观和世界观,时时保持乐观向上的情绪。如果自己心情好,烦心事自然不会影响到自己。

(3)加强文化修养:一般来说,一个人优点的多少,往往是和这个人的文化修养相关的。文化修养高,就能更全面地提高自己的知识素养,提高自己的精神境界,对于自身的一些缺点也能更好地认识和改正。

(4)稳定情绪:在社交场合,如果突然发生了让我们难以接受的事,应该采用合理的方法宣泄我们的情绪,或者是转移注意力,或者是换个环境,总之将自己即将爆发的情绪采用更温和的方式发泄出去或者是稳定下来,而不是大吵大闹,让自己失态。

(5)时时保持冷静的头脑:遇到任何事情,我们首先应该做的是,让自己迅速冷静下来,开动自己的大脑,排除外界的一切干扰,不让冲动的情感影响到我们的判断,客观地分析问题,想出最有效的应对办法。

(6)强化实践锻炼:我们要想克服自己的缺点,不仅应该多学习文化知识,增强思想修养,还应该多参加一些实践锻炼。既用知识来充实和武装自己的头脑,提高自己分析问题、解决问题的能力,也通过实践锻炼,培养自己吃苦耐劳的精神,充实知识,丰富经验,同时也提高了面对突发情况时的机智应对力。

(7)增强意志力:对于自己性格中的缺点,我们应该清楚明了,并不断改正,将它变为我们性格中的优良品质,这不是一朝一夕就能完成的任务,这需要我们有顽强的意志和坚持不懈的决心。对于认准的事,我们应该有种义无反顾的精神,想方设法通过努力将其实现。对于自己不能达到的目标不要太苛求,就算我们会经历一些小失败,也不要动摇,不要让别人的议论左右了我们的意志。

(8)要强化自己的积极思维:对某些事,我们应该有所预见,比如在社交场合经常会出现什么样的意外情况,自己可以演练一遍,做好最坏的打算,朝最好的方向努力。当这种情况或者是类似情况出现时,就能及时、果断、准确地想出应对方法。

上面的这些方法比较宽泛,因为每个人身上的缺点都是不一样的。我们可以从以上方法中选出适合自己的方法加以使用。

我们在生活中要想让自己表现得更加完美,就要找到自身的缺点,对症下药。如果对自己的缺点不是很明了,我们可以请教好友、老师或者是父母,让他们指出我们的不足。有时候他们提出的缺点往往是我们不曾发现

的，他们的建议往往也是很有见地的。针对具体的缺点，再找出专门的应对策略，长时间坚持改正和完善，肯定会使我们在社交场合的表现更精彩。

微笑是获取好感的最佳表情

不管在什么场合，不管和什么人交往，一个人脸上的表情很容易影响到别人对他的印象。很多人不善于和别人打交道，总是一副严肃的表情面对所有的人；在和人交往的时候，因为谨小慎微地行事，将自己的笑容丢到了九霄云外；还有很多人，不管心情如何，总是将自己的脸绷得紧紧的，将笑容紧紧地锁起来。他们不知道，微笑才是打开对方心门的钥匙。

年轻人已经开始和社会上形形色色的人打交道，如果我们总是一脸严肃地和别人打交道，虽然对方嘴上不说，但是心里肯定会不舒服："我又不欠你什么东西，为什么总是摆出这样的一副表情给我看呢。"所以，为了让我们和别人的交往更愉快，为了让别人更愿意和我们进行接下来的交往，不要吝啬我们的微笑，从此刻开始，学会对他人绽放笑容。

微笑是社交场合最有吸引力和最富有价值的表情，恰如其分的微笑能消除人们之间的陌生感，拉近彼此之间的距离，让彼此的约束感在微笑中消失。所以我们在和他人交往的时候，要想让交往更顺利，就应该注意让自己用微笑来面对所接触的人。

生活十之八九是不如意的，很多人经常在经历了不如意之后，忘记了微笑，面色深沉的脸在向别人诉说着自己的不幸、悲伤。我们应该记住，自己不愉快的感受，别人没有义务为我们买单，尤其是和我们只有一面之缘的陌生人。因为我们不高兴，所以连带着别人也不高兴，这对对方来说，是一种不公平。与其让别人跟着自己不高兴，为什么不将微笑送给对方呢？人们

对情绪的感受能力是非常强的，即使一个陌生人的表情，往往也会牵动我们的神经。看见一个人微笑，我们也会不自主地还对方一个微笑；看见一个人哭泣，我们也会忍不住心情沉重，甚至会为自己的好心情而内疚。

为了不让自己的坏情绪影响到别人，为了不让自己的严肃吓到别人，我们在和他人交往的时候，最好的方式是让微笑为自己开道。不管对方是什么样的表情，向对方绽放出自己真诚的笑容，将快乐赠送给每个和我们接触的人。

时时微笑的人，是一个乐观的人，因为微笑，所以他总会在不如意中发现那些让他开心的事；因为微笑，所以他总会为自己找到值得乐观的理由。因为会微笑，所以他的人缘特别好。一个长相漂亮、面容冷漠的人，未必会让人喜欢，但是一个满脸真诚笑容的人，却不会有人拒绝。微笑具有亲和力，具有感染力，能让人们在冰冷中感受到丝丝的温暖。

我们在和他人交往的时候，不要因为工作的不如意，就让自己紧锁眉头；不要因为和他人相处的不愉快，就让自己叹气连连。越是这种表情，越容易让人将我们拒之门外。多向别人绽放我们的笑容，对我们不会有什么损失，但是对别人来说，意义可能就很重大。孤独的人看见我们向他微笑，可能因此他会觉得自己并不孤单，至少他还能得到我们的微笑；失败的人看见我们向他微笑，可能他会因此觉得失败没有什么可怕的，只要他能够重新开始，成功总会到来。

很多悲观的人，会在我们的微笑中，看见美好生活的阳光；很多消极的人，会在我们的微笑中，看见未来努力的方向。不管生活多么坎坷、崎岖，不管未来的路途多么难走，不要放弃，只要我们还有微笑的能力，生活就有希望。不管我们遇到什么样的情况，都应该学会用微笑面对他人。

希望我们每个人，在和别人交往的时候，都能用微笑和别人打交道。让微笑成为我们给别人的最深印象，只要我们能将微笑带给别人，就算对方表面不会有所表示，但是他的心里肯定会放松下来，因为微笑已经让他放下了紧张的戒备。所以，我们应该记住，在和他人交往的时候，要想成功，请用微笑为我们开道。

第二章 20岁后建立自己的交际圈

——善用交际策略拓展圈子

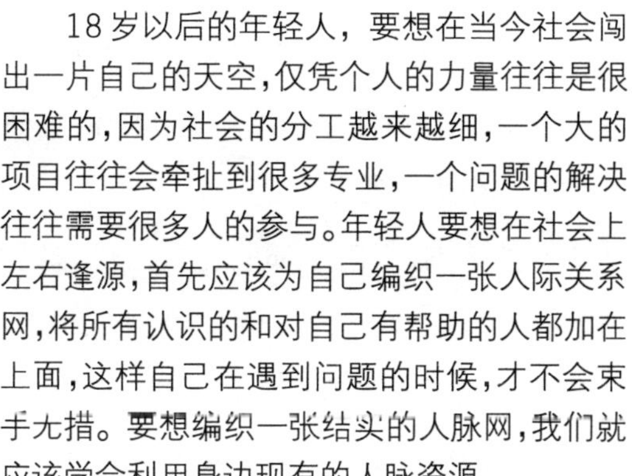
18岁以后的年轻人，要想在当今社会闯出一片自己的天空，仅凭个人的力量往往是很困难的，因为社会的分工越来越细，一个大的项目往往会牵扯到很多专业，一个问题的解决往往需要很多人的参与。年轻人要想在社会上左右逢源，首先应该为自己编织一张人际关系网，将所有认识的和对自己有帮助的人都加在上面，这样自己在遇到问题的时候，才不会束手无措。要想编织一张结实的人脉网，我们就应该学会利用身边现有的人脉资源。

用朋友为自己铺设财富之路

在现在的这个时代，人脉已经不再是陌生的字眼儿。现代人将人脉看得很重要，很多在社会上行走的人，直接用人脉来衡量一个人的财富。由此可见，人脉对于人的生存和发展是多么重要。

据美国人力资源协会与《华尔街日报》共同对人力资源主管和求职者进行的一项调查显示，95%的人力资源主管和求职者是通过人脉的关系找到了适合自己的人才和工作。而且现在很多人认为经过熟人介绍，找到适合自己的工作和职位是一个很好的方式。

很多人认为人脉的范围，仅限于那些比自己优秀或者是比自己地位更高的人，于是他们将自己建立人脉的机会，局限在上司或者是和上司有关系的人身上。还有些人仅仅将眼光放在了身边的朋友身上，忽视了比他更优秀的人，这两种方式都是片面的。人要想构建广泛而结实的人脉网，结识的人也应该是广泛的，不能因为对方的地位高，就不敢屈身向前；因为对方的地位低，就对对方爱答不理。曾经有个美国社会学家做过一个调查，一个普通的公民距离总统的远近，可能仅仅是六个人的距离，也就是说通过六个人的相互关系，他就可以见到总统，这不是天方夜谭。因为你的人脉再搭上其他人的人脉，就是一张广泛的人脉网，许多想都不敢想的事情，在人脉网的协助下，就可能从不敢想象到变为现实。

一个拥有人脉网的人，人脉会给他的生活和工作提供不少的方便。但是人脉不是靠说说就能建立起来的，也不是一朝或者一夕想想就能有的，而是长年累月积累起来的，是一种在生活和工作中养成的习惯，不是一项刻意完成的任务。不管是哪条人脉，都需要长期的付出和感情上的关怀，这样才

能慢慢地累积,慢慢地编织出一张结实的人际关系网。

美国著名的老牌影星道格拉斯,在年轻的时候穷困潦倒,后来他成为了电影行业中首屈一指的国际影星,不可否认的是他的努力和天分,但更关键的是,人脉发挥的作用。一次,他搭乘火车的时候,与旁边的一位女士攀谈了起来,就是这次谈话,成了他生命中的转折点,没过几天,他被邀请到制片厂报到,原来那位女士,是一位著名的制片人。就这样,道格拉斯一步步走向了他人生的辉煌。

美国的一份调查报告显示,一个人挣的钱,12.5%靠的是他自身的知识,87.5%来自他的关系,关系就是人脉的竞争力。在现代社会,人脉上的优势,在一个人的成就里扮演着很重要的角色。光有事业,没有人脉的人,是不能将事业做大的,因为一个人的付出,仅能获得一份回报,如果有人脉网的资源,一份付出,就会收到数倍的收获。

年轻人现在正处在进入社会的打基础时期,现在建立起的人脉,往往会帮助我们更好地适应社会,同时也能更好地寻求发展。我们刚开始打拼,未来的发展有一个很大的上升空间。未来能够取得什么样的成就,就看我们的人脉网是不是广泛,是不是牢靠。借助人脉的力量,我们会飞得更高,人生会更精彩。

多个朋友多条路,也便多个选择

人们经常说:“多个朋友多条路,多个敌人多堵墙。”对年轻人来说,也许还未意识到朋友也许就是自己以后的人脉。对于现在的我们而言,朋友就是同学,就是伙伴,当我们踏上社会后,我们会结交到更多的朋友。多个朋友就多条路,为了多几条人生路,我们应该选择不同的人作为我们的朋友。

首先，结交比自己能力强的人。结交比自己强的人，我们就会在对方的带动下，逐渐向强的方向发展。俗话说，“近朱者赤，近墨者黑。”我们和什么样的人长时间待在一起，自己也容易变成什么样的人。如果想让我们以后的人生之路更加宽广，想让我们的未来更加精彩，就应该努力结交乐观向上的人，我们会因为对方的存在有所改变，只有这样，我们的未来才会更有保障。一位哲人曾经这样说过，和有利于自己的人发展，就像是为人生事业的风筝飞得更高制造了一股强劲的风。

其次，结交对我们真诚的人。对于刚成年的年轻人来说，可能还不知道世事的险恶、人心的叵测。社会太复杂，有些人为了和那些对他们有利可图的人交往，经常会故意巴结奉承，或者是有目的地做某件事，为的就是利用对方，从对方那里得到好处。这样的人通常会在我们春风得意的时候，靠上前来；而当我们落难、孤立无援的时候，落井下石。相反，有些人对我们是发自肺腑的真诚，他们会直言不讳地说出我们身上的缺点，希望我们改正；总是在我们志得意满的时候，敲响奋进的警钟。只有这样的朋友才是我们人生路上不可或缺的朋友。对于那种经常在我们面前溜须拍马的人，我们应该尽量远离，不要以为对方对我们的溜须拍马，就是真正的欣赏，如果不是有利可图，他未必就会对我们大加赞赏。

很多年轻人选择朋友时，经常会选择那些和他志趣相投、谈的来的人做朋友，这样的交友方法很容易限制交友的范围。性格互补的人可以做朋友，因为对方会弥补我们性格上的不足；和自己观点相反的人可以做朋友，因为他们的观点总会让我们耳目一新；性情直爽的人可以做朋友，因为他们不会害怕得罪我们而让我们一错再错；贫穷的人可以作为朋友，因为他们奋进的精神可以激励我们前进；富裕的人可以作为朋友，因为他们可以为我们提供支持……

结交到知心的好友不容易，维系友谊更不易。因为每个人都是思想、个性不同的个体。真心的朋友能包容彼此的缺点，而不是互相吹毛求疵。朋友是你困难时，最想求助的人；朋友是你高兴时，第一时间想分享的人。真

正的友谊不是用金钱能买得到的,真正的友谊不是相互利用,而是互相帮助,不求回报。当你在需要支持时,他会拼尽全力想方设法地为你提供帮助。朋友是年轻人人脉网上最不可缺少的重要一环。

有朋友的人,人生路才会越走越宽广。将朋友作为自己的人脉,不代表朋友就是自己只想利用的人。朋友不是你看到有利用价值就飞奔上前,没有利用价值的时候,就转身而去、不再理睬的人。用利益关系维系的朋友,不会长久;用真诚结交到的朋友,才是真正的朋友。

年轻人往往都是血气方刚、容易冲动的,在和朋友相处的时候,很容易感情用事,因为对方是自己熟悉的人,所以更容易口无遮拦,更容易冲动,冲动的情绪很容易伤害到对方,也容易让我们事后追悔莫及。所以,我们在和朋友相处的时候,应该学会控制自己,不要让感情用事伤害到朋友。

只要自己诚心结交朋友,态度诚恳地和对方交往,就算对方和自己有点小误会,也不会因此而闹僵关系。当朋友和我们在人生路上并肩行走的时候,我们会发现,有朋友的陪伴,我们的人生之路变得更宽阔。

从现有朋友中获取更丰富的资源

年轻人还没有正式步入社会,所以接触的人往往也是有限的,主要就是同学、老乡,再就是自己的亲朋好友了。对于年轻人来说,这些都是现成的人脉资源。

同学关系。对年轻人来说,大多数人现在还处于求学阶段,每天的绝大多数时间都是和同学一起度过的,朝夕相处会让年轻人之间产生很深厚的同学情谊。不要小看今天在一起求学的伙伴,谁也无法预测明天会怎样,也许今天和你关系很好的同学,在未来的某一天就是你的顶头上司。今天的同学关系也许就是明天职场上的上下级关系。当明天的你遇到困难的时候,或许昔日的老同学会成为你困难的解决者。这些都是有可能的,所以和同学搞好关系,就算以后彼此会各奔东西,但是这段真挚的情谊会永远留在大家心中。当我们有难向对方求助的时候,对方肯定会乐意助我们一臂之力。

其次,老乡关系。老乡情往往会让身在异乡的年轻人内心百感交集。因为大家有一方共同养育的水土,因为大家同操一样的方言,所以,彼此之间就会变得非常亲切,同在异乡,就会让彼此从心里认为对方和自己的关系更密切,更容易互相帮助。所以,我们应该多多参加老乡举办的活动。在老乡会上,因为大家同是老乡才聚在一起,所以分布在各个领域的概率就会非常高,彼此之间的资源就会比较丰富。在老乡会上,资源共享多,信息流通快,往往也是我们打造人脉的有利渠道。

再次,年轻人刚刚进入社会,所以缺乏社会上的一些人脉资源,想在社会上建立自己的人脉还是有一定的困难的。所以年轻人应该充分利用好自己身边现有的人脉资源,首先就是我们的亲朋好友。亲朋好友毕竟是我们熟悉的人,尤其是我们的亲人,当亲人的人脉比较宽广的时候,我们可以通过对方的人脉来建立自己的人脉,借助亲人的关系认识更多有助于自己的人。

世界首富比尔·盖茨在20岁时就签到了第一份合约,而这份合约是跟当时世界上第一强的电脑公司——IBM签的。而当时的盖茨还是个大学生,根本就没有太多的人脉资源,很多人很疑惑,他为什么能够签到那么一份大的合约。其实原因很简单,盖茨之所以能够签到那么大一份合约,完全是靠他母亲的关系,他的母亲是IBM的董事会董事,妈妈介绍儿子认识董事长,这是理所当然的一件事。比尔·盖茨能有今天的成就与他当时能签到这个单是有很大关联的,假如当时没有签到这份单,今天的比尔可能就不会像现在这样风光了。

对于刚开始自立的年轻人来说，人脉关系淡薄是很正常的，因为年轻人还没有真正进入社会，和他人的交往还很少。所以还没有更好的途径和实力去认识更多的人，为自己编织更广、更结实的人际关系网。因此，在还没有能力扩大自己人脉关系网的时候，努力让现有人脉资源发挥出更大的价值，以此为基础，从而建立更广更结实的人脉交际网。

知道现有的同学关系可能是以后的人脉，我们就会更加珍惜现在的同学情谊，搞好和每位同学的关系。意识到老乡有可能是自己的人脉关系，我们就应该多多结识老乡，让老乡情成为人脉上的重大结点。知道亲朋对我们的以后有帮助，我们就应该多在亲戚关系上做文章，平时多走动。很多关系如果一直静止，感情就会疏远，尤其是亲戚关系，平时多来往，关键的时候，才会发挥作用。

年轻人从现在开始就应该着手编织自己的人脉网，从身边的人开始，用彼此熟悉的关系，作为自己人脉的基础，在这些人脉的基础上，再向外拓展新的人脉，只有这样，我们才能编织出一张结实而广泛的人脉网。

依靠老师这个强大的后盾

人的成长历程中，少不了老师的存在，从进入学堂的第一天起，老师就成为了我们成才路上不可缺少的领路人。

从上学的第一天起，一直到读完所有的学业，甚至是从学校进入社会，所有传授过我们本领的人都可以称为是我们的老师。这么多老师的共同努力，让我们学会了很多的文化知识和专业技能，为我们以后步入社会做了最充足的准备。就是因为有这些老师的努力，我们才会有今天的成就，才会更有能力应对社会上的风雨。

老师不仅是我们学习路上的领路人，同样是我们人生路上的一个重大的人脉资源。没有一个老师不希望自己的学生风光无限，没有一个老师不希望自己的学生大有前途。当学生有困难来请求帮助时，老师们不会因为自身的利益而百般阻拦学生的前途，他们会尽自己最大的能力来帮助学生。

老师不仅是那个在学校对学生负责的人，也是对我们人生有助益的人。好老师是年轻人健康成长的保障，好老师为学生树立榜样，以身作则，他们将自己的全部精力都放在学生身上。年轻人在求学的路上能够碰到一个好老师，是不容易的，所以更应该好好珍惜，因为老师往往会影响我们一辈子。

如果我们的老师碰巧是很有名气的人，这往往会给我们带来很多便利，我们可以通过老师的关系，登上更大的人生舞台，向他人展示我们的才华和学识；通过老师的关系，我们可以进入更高级的学府；通过老师的关系，我们可以认识更有学识的人，学习更高深的知识。每年中国都有很多学生留洋海外，这里面不能排除个人的努力，还有一个重要因素就是导师的推荐，很多学生被导师推荐到更高的学府做学问，很多人被老师推荐到更好的导师名下做学生，很多人甚至在自己老师的帮助下，获得了更好的工作岗位。

很多年轻人在步入社会后，会认识更多对自己有帮助的人。这些人因为比我们的资历深，往往也是我们的老师，他们帮助我们更快地熟悉当下的环境，帮助我们尽快地融入那个陌生的环境。因为有师徒关系，所以双方之间的关系往往要比其他的同事关系更深。

在老师的帮助下，年轻人的进步会更明显。借助老师的人脉关系，年轻人也会建立自己更广、更深的人脉网络。

面对弱者多些善意，会收到意想不到的效果

年轻人要想让自己的人际关系网更加宽广，仅结交那些比自己强的人作为人脉资源是不够的。因为觉得对方现在的发展形势好，就认为对方对自己的未来是有帮助的；因为对方现在的处境不好，或者因为对方现在处于落魄阶段，就认为对方不是自己以后的人脉，而放弃和对方交往，这样的观点都是不对的。

人们经常说的一句话是：三十年河东，三十年河西。人的命运往往是很奇特的，谁也无法预知未来的事情怎样发展。今天功成名就、风光无限的人，可能明天就会成为一无所有的落魄之人；今天的落魄者和弱者，明天说不定也能翻身成为大家瞩目的焦点，这些都有很大的变数。18 岁以后的年轻人很容易被眼前的这些情景所迷惑，看不清对方以后的发展，如果我们仅凭眼前的境况来结交自己的人脉，结交现在有权势的春风得意之人，排斥甚至是看不起身处落魄之人，那么，总会有后悔的一天。

人在落魄时，是情感最脆弱的时候，这时候一句真心鼓励的话，往往就会让对方内心倍感温暖。一个微不足道的帮助，也会让对方视你为人生中不可多得的朋友，并将你视为一辈子的莫逆之交。所以，我们应该摒弃眼前景象的影响。对方现在的失势不代表一辈子失势；对方现在的弱势，也不代表一辈子弱势。

秦国太子安国君的儿子子楚在赵国做人质，郁郁寡欢，商人吕不韦看中了这个千载难逢的时机。其他人都对子楚不闻不问，甚至是不关心他的生死。吕不韦却趁此时机帮助子楚，并送赵姬侍奉子楚。同时，吕不韦向安国君的宠妃华阳夫人送礼，让其帮助子楚做安国君的正式继承人。不久安国君继承了秦国的王位，子楚坐上了太子的宝座，随即又继承了安国君的王位，成了秦庄襄王。理所当然的，吕不韦因为救王有功，被任命为相国，赏洛阳十万户作为食邑。

如果不是因为吕不韦的出手援助，可能子楚不会如此顺利地当上秦王；如果不是因为子楚的得势，吕不韦也不可能功成名就。就是因为吕不韦当时出手帮助了落魄的子楚，让子楚对他产生了深深的感激，并因此认为吕不韦才是自己真正的朋友，才会有后来吕不韦的一切。

作为年轻人来说，帮助落魄的人，可能会染上很多的麻烦，而且自己条件有限，也很难提供什么有实质性的帮助，但是我们应该知道的是，只有雪中送炭才能增进双方之间的感情和友谊，才能交到真正的朋友。

我们伸手援助落魄的人，帮助比自己弱势的人，这说明我们不是势利小人，只有具有这种优良品性的人，人们才乐意与之交往，当我们有困难的时候，别人也愿意帮助。

如果对方处于弱势的时候，我们看不起他；对方处于落魄的时候，我们不愿意帮他；对方春风得意的时候，我们又屈身上前，想巴结他，这时对方又怎么会接受我们，肯定会认为我们只是假惺惺的作秀，一旦有了这样的想法，后果可想而知。所以，年轻人要想让自己的人脉变得更广，最有效的方法之一就是善待和帮助那些弱者和落魄的人。

随时发现生命中的贵人

年轻人如果能够在进入社会以后，尽早挖掘出自己生命中的贵人，对未来的发展会有非常显著的推动作用。每个进入职场的年轻人都希望自己能够早些得到贵人的帮助，贵人帮助一小步，我们可能就会飞跃一大步，省下

不少工夫。

我们应该知道，生命中的贵人不是特指某个人，或者某群人，而是随时都会出现在我们生命中的人。18岁以后的年轻人，步入社会还没有多少时间，可能还不知道谁最终才是自己生命中的贵人。

贵人带有随机性，所以我们在贵人还未出现时，应该将每个出现在我们生活中的人都当做是贵人，不管是我们的亲朋好友，还是仅有一面之缘的陌生人，这些人都有可能是我们的贵人，所以，我们应该有这样的意识，任何人都可能是我们的贵人。要想不错过那些出现在自己生命中的贵人，以下这些方法可以为年轻人提供帮助。

首先，待人要和善。因为每个人都有可能是我们的贵人，所以，我们不能戴着有色眼镜来看身边的人，对待每个人都一视同仁、友好和善。当贵人出现的时候，就会被我们的友善而打动。当我们有困难的时候，他们当然就会乐意出手相助。

其次，多和自己的熟人、朋友交往。感情是靠交往来的，不是思考来的，只有经常走动的关系，其感情才会加深。如果双方之间本来有很深的感情，但是长时间不来往，感情就会越来越淡薄，当我们在需要别人帮助的时候，临时抱佛脚，可能起不到好的效果。

再次，有求于自己的人，我们应该尽可能地帮助对方。患难才能见真情。人生之路本来就是很曲折的，谁也不可能保证自己在人生之路上一帆风顺，当别人有求于我们的时候，对方可能是真的陷入了困境，我们不能因为怕给自己惹麻烦，就百般拒绝对方，而是应该尽可能帮助对方，当自己的能力实在帮不上对方时，也应该向对方说清楚自己的难处，这样对方就不会埋怨我们了。尽自己的可能帮助了对方以后，对方自然也愿意帮助我们结识更多对我们有帮助的人。

由于年轻人进入社会还没有多少时间，对于社会上的很多事情可能还不是很清楚，对于接触到的很多人可能还不会分辨。而这些都是需要时间和经验积累的。所以此时年轻人应该尽量不要给自己树敌，就算对方和自己的关系不是很好，也不应该和对方撕破脸，假如对方是个小人，可能会因此对我们怀有芥蒂，随时想办法报复我们，或是在我们通向成功的路上设绊子。

不管我们和什么人接触，只要我们待人诚恳、态度谦和，对方肯定会感受到我们的真诚，并因此对我们产生好感，我们的贵人，自然也会被我们的良好品德所吸引。只要我们不为自己的前途树敌，就是在变相地为自己积累生命中的贵人。

所以，在知道上面这些细节之后，我们应该更加注意自己生活中的细节。生命中的贵人不是在我们什么品德、什么东西都准备好了以后才出现，而是随时都会出现，一个路人，一个只和自己见过一次面，甚至是自己昔日的敌人，这些人都有可能成为年轻人生命中的贵人。我们要想让自己尽早结识生命中的贵人，早日让贵人帮助我们实现自己的目标，就应该随时随地，将每个接触过的人都当成是自己的贵人对待。只有这样，我们才不会错过任何一个出现在我们生命中的贵人。

从今天开始，从此刻开始，年轻人就应该为自己的未来积累生命中的贵人，不管是朋友、亲人、老师，甚至是敌人，帮助过自己的任何一个人，这些人都是我们以后的人脉，会为我们结识贵人提供条件。

愿年轻人早日发现自己生命中的贵人，帮助自己早日实现理想。

和成功的人多接触 你就拥有更多成功的机会

很多年轻人希望自己以后能在某一领域做出成就，但不是任何人都能实现这一目标的。对于刚成年的年轻人来说，未来还是一片渺茫，未来的一切是无法预知的，不管未来结果会怎样，我们都应该朝着自己的目标努力。

要想让目标早日实现，要想让自己成功的概率加大，我们应该多和一些成功人士交往，就像中国古话所说的那样，近朱者赤，近墨者黑。和成功人士交往，对方的一些行为观点、对方的处世方式、对方的一些行为习惯会影响到我们，进而我们就会用对方的方式来要求自己，久而久之，我们就会离成功越来越近。多和成功人士接触，不仅是向对方推销自己，让对方认识自己，并因此博得对方对自己的赏识，更重要的是，从对方的经历经验中学到很多有利于自己的知识，这些东西可能就是我们以后成功路上的垫脚石，会让我们更容易取得成功。

年轻人的人际关系不是很广，如何接触到成功人士是一个很困难的问题，除非我们的亲人、朋友家里有一些成功人士，或者是我们的亲友有这方面的人脉资源，可以供自己利用，除此之外，似乎没有更好的途径让我们接触到那些成功人士。

事实真的是这样吗？其实只要我们想结识成功人士，就会发现有很多途径是可以供我们利用的。

我们应该知道的是，想和成功人士交往的人，数量是很多的，要想让成功人士认识并接受我们，首先应该让对方喜欢我们，这是所有交往的前提，在和成功人士交往的时候尤其重要。如何让成功人士对经验匮乏的年轻人产生好感呢？成功人士的时间都是非常宝贵的，他们不喜欢将自己的时间浪费在一些毫无价值的事情上，所以我们要想让成功人士对我们产生好感，关键的是让自己变得有价值。

刚入职场的小赵在一家公司分部工作，工作一段时间后，他想和公司总部的总经理成为好朋友，但是自己的资历尚浅，就算是那些资历深的人都没有见过总经理的样子，更不要说自己这个毛头小子了。所以很多人都觉得小赵是在说天方夜谭。小赵将自己分析了一下，认为自己对总经理有可利用的价值，他能为总经理效劳的就是将总经理推荐给一些大型的论坛会议，这既是为公司做宣传，也是在为总经理做宣传。小赵的方法很快就奏效了，总经理经常作为特邀嘉宾被邀请到一些大型的论坛会议上，几次会议下来，总经理对小赵刮目相看，经常点名让他一起去参加会议，就这样小赵有了很多次和总经理接触的机会。

另外多参加一些成功人士开办的讲座。很多成功人士经常会被邀请做一些讲座，作为年轻人来说，可能我们对这些活动不是很熟悉，但是我们应该尽量参加，职场上的很多人都是通过这一渠道，向成功人士说出自己有创意的见解，或者是向成功人士毛遂自荐。

将自己的目标锁定之后，我们应该对这个成功人士有个全面了解，可能我们在职场方面无法让对方对我们有兴趣，可以选择在业余活动方面向成功人士推销自己。关注对方喜欢的活动，经常出现在对方经常出现的地方，找机会和对方切磋一下这方面的技艺，时间一久，对方肯定会注意到我们的存在。

18 岁以后的年轻人，社会经验还不是很丰富，如果想在社会上尽早地做出成就，关键就是应该多吸取别人的经验，多和别人交往交流。和成功人士的交往，对于我们来说，是一笔不可估量的财富，对方的成就可能就是我们向往的成就，对方可能就是我们以后的学习榜样，这些精神的力量会为我们以后的发展注入更多的活力，让我们在自己喜欢的领域里更能奋力拼搏。

第三章 20 岁后明确做事的原则

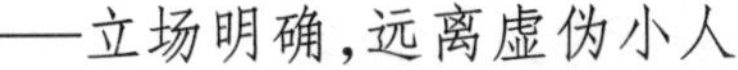

作为社会新手，年轻人会和社会上的很多人打交道，有很多人并不像我们以往接触的人那样单纯，人们为了自己的利益，总是会将自己的内心掩藏在一副副虚伪的面具下。年轻人要想在社会上更加游刃有余、应付自如，首先应该学会的是如何和不同的人打交道。这不仅仅是为了交往，更重要的是保护自己不受伤害。对于不同类型的人，年轻人又该如何应对呢？

远离搬弄是非的人

年轻人因为刚刚步入社会，接触的人往往不再像学校里接触的人一样单纯，社会上的一些人经常喜欢搬弄别人的是非。

很多事情，都是和利益挂钩的，搬弄是非的小人为了占得更多的利益，只要对自己有利，不管是什么人，都可以成为他们搬弄是非的对象。

喜欢搬弄别人是非之人，是唯恐天下不乱之人。如果我们身边有这种人，为了不受到他的影响，应该尽量远离这种是非小人。

喜欢搬弄别人是非的人，是见不得别人比自己好的人，生活中，因为他们的搬弄是非，别人的家庭关系可能变得战乱四起；因为他们的搬弄是非，朋友之间可能会反目成仇；因为他们的搬弄是非，同事关系会变得岌岌可危；因为他们的搬弄是非，下属和领导之间的关系会变得如履薄冰。搬弄是非的人，最喜欢看到的就是他搬弄是非的阴谋得逞，当别人因为他的搬弄是非，吵得不可开交时，他们可能就会在旁边拍手称快。所以，我们要想生活愉快，要想工作更加顺利，要想仕途前景更加广阔，就应该让自己远离那些不断搬弄是非的人。

我们在生活中应该如何和搬弄是非的小人保持距离呢？

首先，我们应该知道的是，人以类聚，物以群分。搬弄是非的小人，同样喜欢和那些喜欢议论别人是非的人在一起，因为这样双方就更有话题可聊。我们要想远离搬弄是非的小人，首先要做的就是不在别人的背后议论他人的是非，如果搬弄是非的小人找到我们，想和我们说别人的是非，我们应该终止对方在这方面的话题，我们可以这样说："我觉得他对人都挺好的，不像你说的那样，也许是因为你们之间有误会吧。"听到这样的话，对方肯定不好

意思再说下去。

其次，我们应该知道，搬弄是非的小人，往往是捕风捉影，有些事并不是他们所说的那样，他们往往会加入很多个人感情因素，有时候甚至是颠倒黑白，只为了让自己的观点更加让人信服，所以他们甚至可以歪曲事实，说些和现实不相符的话。因此对于这些话，我们应该有自己的判断，不要盲目听信对方所说。

再次，我们应该知道，喜欢搬弄别人是非的人，被搬弄的对象往往是那些让他看不顺眼，或者是那些和他关系不好、让他嫉妒的人。有些和他们关系疏远的人，也会成为他们搬弄的对象。所以为了不让自己成为被搬弄的对象，和搬弄是非的人的距离也不宜太远，让对方消除对我们的戒心和搬弄心，否则，他们会认为我们是在故作清高，以此来传播流言。所以，就算我们看不起那些喜欢搬弄是非的人，但是也不应该将自己的反感表现得太过明显，只要自己不在搬弄是非的小人面前谈论别人是非，这些小人是不会有得逞的余地的。

不管是在生活中，还是在工作中，为了让我们的周围少些是非，为了让我们的人脉更加宽广，为了远离是非小人设下的圈套，不管在什么地方什么场合，都应该谨言慎行，和搬弄是非的小人的交往越少越好。

对猜疑心重的人要坦然面对

猜疑心人人都会有，但是有的人猜疑心比较重，而有的人猜疑心就比较轻。有些人经常会利用人性的这一弱点为自己服务。生活中每个人都会成为别人猜疑的对象，如何让自己和那些猜疑心重的人坦然相处呢？

要想消除对方对我们的猜疑，首先应该搞清楚对方为什么会对我们猜疑，是因为我们做的事情让对方猜疑了，还是对方因为听信别人的传言而对我们猜疑了。假如对方是因为别人的传言而对我们产生猜疑，那么我们首先应该保持冷静，分析清楚对方为什么会制造这样的传言，找到原因后再对症下药，有可能散播谣言的人就是一个给自己下绊子的人。所以要想让别人消除对自己的猜疑，最好的方法就是用事实证明对方对自己的猜疑是没有道理的，是别人给自己扣的帽子。

如果对方是对我们做的事情产生猜疑，那我们就可以用以下办法消除对方的猜疑。

首先，我们应该知道猜疑心重的人，往往都是比较敏感的人，他们之所以对别人持猜疑态度，就是因为他们不相信对方，假如对方是个值得他们信任的人，那么他们就不会对对方有所猜疑。所以，我们首先应该做的就是让自己成为一个值得别人信赖的人。不管什么时候，不管什么场合，我们都应该让自己做个言必信、行必果的人。这样我们给别人的印象，就是个守信用的人，是个不会欺骗别人的人。那么对方对我们的猜疑肯定也会越来越少。

其次，让自己变得更加透明。一个坦率诚恳的人，往往是一个做事澄澈、透明度高的人。人的猜疑为什么产生，就是因为不知道事情的内因，所以就会让自己不断胡思乱想，于是就产生了猜疑。知道了这一点后，要想消除对方对我们的猜疑，就应该让自己做的事变得更加透明，让自己和别人的关系变得更加清晰。这样一来，对方就会心知肚明，又怎么可能去猜疑。

再次，做一个诚恳坦率的人。猜疑往往会终止于坦率，假如对方对我们本来就有很大的猜疑，我们还让自己变得更加神秘，这样一来，猜疑就会越来越大。要想让对方消除猜疑，我们应该坦率诚恳地向对方说出事情的经过，并向对方阐明他猜疑的地方，这样一来，对方的猜疑肯定会得到消释。

最后，让自己变得更加自信，坚信自己，只要认为自己所做的是对的，就算别人对我们猜疑，也不要因此动摇自己的信念，只要自己的身子正，就不怕影子斜。对我们持猜疑态度的人往往也会因为我们的自信，而最终打消

他们的猜疑。

猜疑是一个非常影响人际关系的人性弱点，很多人经常会因为别人的猜疑而影响到自己的情绪，甚至于影响到自己的生活和工作。猜疑让恋爱变得不再美好，猜疑让婚姻变得裂隙丛生，猜疑让好朋友互相反目，猜疑让同事变得更加陌生，猜疑让上级对自己更不信任……我们刚进入社会，以后会在社会上碰到一些猜疑心重的人，这是很正常的。就算是再熟悉的两个人都不可能会完全信任，毕竟防人之心不可无，更不要说我们接触的只是个陌生人或者是只有几面之缘的人了。

所以，别人对自己持有猜疑态度并不可怕，关键就是学会用自己的人格魅力打消对方对自己的猜疑，让彼此的关系变得更加和谐。让恋人之间的爱情更加甜蜜，让夫妻之间的情感变得更加深厚，让友谊变得更加纯粹，让同事之情变得更加信任，让上司对自己更加器重。

能够消除猜疑是人格魅力的一种彰显，没有猜疑，会让别人觉得我们是值得信任的人，只有这样，我们未来的路才会越走越宽广，我们的人缘才会越来越好，我们的生活才会更加甜美，我们的工作才会更加顺畅。

遇到尖酸刻薄的人，尽量少来往

年轻人在生活中经常会遇到这样一种人，对人非常刻薄，说话总是挑对方的弱点攻击对方，总认为自己是最完美的人，其他人都不会入他的眼，更别想成为他嘴里的夸奖对象了。

有些人天生就喜欢对别人尖酸刻薄，这种人往往是不幸福的人，就是因为他生活得不幸福，所以他总是用一种病态的观点来看整个社会，见不得别人比自己幸福，见不得别人的工作业绩比他好，见不得别人的地位比他高，可是因为他的能力让他得不到这一切，所以，为了平复他内心的伤痛，只能对别人说些刻薄的话。

如果我们的身边就有这种人存在，那我们就该多加小心了。如果我们生活幸福，他们就会说："工资那么少，长得那么难看，以后工作肯定不如意。"如果我们工作进步了，他们就会在背后说："行什么啊，还不是因为有关系，如果没关系，想进来都困难。"尖酸刻薄之人，在任何地方都会找到让他们刻薄的对象，总能在别人身上发现值得刻薄的点，以此来宣泄他们心中的不平。

我们要想永远远离尖酸刻薄之人的视线，那是不可能的，就算我们躲避他们，他们也会想办法找上门来，让我们措手不及。所以要想彻底摆脱尖酸刻薄的人的危害，应该尽量不与他们交往。年轻人应该学会怎样避免和尖酸刻薄的人交往。

尖酸刻薄之人不适合当朋友，因为发生争执的时候，他们会用隐私来攻击我们，让我们在众人面前颜面扫地。所以，假如我们的朋友中有这样的人，最有效的方法就是和对方终止朋友关系，以免自己会受到对方语言的毒害。

尖酸刻薄的人不适合当同事，公司本来就是一个和个人利益息息相关的地方，一句牵扯隐私或者是个人情绪的话，往往会被尖酸刻薄的人拿来利用，让我们在同事面前抬不起头，在领导面前没法做人，这些都是对我们致命的伤害。为了让尖酸刻薄之人少些攻击的武器，和他们的交往最好只限于公事上，对于私事上的交往，能免就免，如果实在免不了，那也应该保持头脑清醒，以免祸从口出，成为日后自己落在对方手中的把柄。

如果尖酸刻薄之人正好是我们的老板，或者是顶头上司，最好的方法就是离开这个不能共事的老板。因为我们刚进入职场，经验不是很丰富，犯错误的概率也会非常高，假如上司是个尖酸刻薄之人，肯定会少不了对我们吹毛求疵、冷嘲热讽，而这些往往会让我们的热情和积极性受挫，不利于我们以后的工作和发展。所以最有效的方法就是赶紧离开这样的上司。但是在自己的下家还未寻到之前，最好还是保持沉默，以免激起对方对我们新一轮的攻击。

年轻人要想让自己在生活中少受到些尖酸刻薄话的对待，首先应该保证的是自己不会对别人尖酸刻薄，如果我们对任何人都是热情诚恳的，对方也会热情地对待我们。假如我们不幸成为了别人尖酸刻薄的对象，也没有必要让自己乱了阵脚，沉着冷静地对待发生的问题，向对方问清楚，如果对方说的正是自己的缺点，那可以诚恳地向对方表示感谢，谢谢他指出了我们的错误，这样对方肯定也会不好意思再刻薄我们。和尖酸刻薄的人交往时，尽量向他传输一些人性的好的信息，不要让他老是沉浸在他自己的不幸福中。只要我们诚恳热情，对方一定会被感动，自然也不会将我们当成是刻薄的对象。

年轻人为了让自己以后的生活变得更加美好，为了让自己少受到尖酸刻薄话的对待，最好的方法就是少和刻薄之人交往，这样一来，对方连刻薄的机会都没有，又怎么会对我们尖酸刻薄呢？

和敏感的人说话，要三思后言

年轻人在生活和在工作中，经常会遇到这样一种人，他们对人对事都非常敏感，神经经常处于紧绷的状态。一些无心之话、无意的表情往往会让他们琢磨上半天，非要找出里面是不是别有深意。

我们在和敏感者说话的时候，一定要小心谨慎，自己的无心之说可能会不小心伤害到对方的自尊，就像人们经常说的那样："说者无心，听者有意。"说话人人都会，但不是人人都会巧妙地说。所以对于年轻人来说，应该谨记的一句话是：祸从口出。为了让自己的嘴巴少说些不利己、不利人的话，最有效的方法就是应该三思而后言，尤其对方是个敏感的人时，说话更应该小心谨慎。

小心说话，是一门技术，因为它不仅是我们以后生活幸福的保障，也是彰显我们个性魅力的一种有效途径，是我们在工作和事业上扬帆远航的重

要前提。

有些人在生活中不管是做事，还是接触他人，都会非常敏感，一句不中意的话，就可能会掀起对方内心的情感风暴，甚至有可能因为这句话，对方会中断彼此的关系，这样一来，造成的损失实在是太大，也太让人惋惜。我们在面对敏感者时，应该如何小心说话呢？

首先，说话的时候心里应该有数。有的人好说话，有的人不好说话，敏感者基本上是属于后者，他们一般不爱开玩笑，同样也不喜欢别人拿他开玩笑。所以，我们在和敏感者接触的时候，就应该将话直接挑明了说，不要以一副玩世不恭的态度和对方说话，这样很容易让对方反感。说话的对象制约着我们说话的内容、语气，如果对方是自己很要好的朋友，说话的时候就可以随便一些，因为彼此很熟悉，对方不会太在意谈话中的细节，如果说出的话太客气，反而会让对方敏感了：这是什么意思，是故意远离自己还是故意想和自己划清界限？

其次，看清场合。对于敏感的人，有众人在场的时候，他们对谈话内容的分析会变得比以往更敏感；但是当单独两个人在场的时候，可能就不会太敏感了。当有第三者在场的时候，关于对方短处的话最好不要说，这会让敏感者认为，我们是在攻击他，虽然敏感者嘴上不说出来，态度上不表现出来，说不定在他的心里已经有了一个随时会爆炸的炸弹。这样一来，可能就会伤到双方的感情了。

再次，说话的时候应该看气氛。我们在和敏感者说话的时候，应该注意谈话气氛，在对方心平气和的时候我们说出的话，可能不会太引起对方的反感，但是当对方处于剑拔弩张的时候，我们说话就得注意分寸，说不定一句话不对，就会成为对方爆炸的导火索。

我们在和敏感者说话的时候，不仅应该注意上面这些因素，还应该注意自己的谈话目的，根据自己谈话的目的，使用好说话的态度、语气、动作、表情等。谈话围绕着自己的目的转，目标明确，核心突出，就算对方很敏感，也不会因此而乱猜想。

我们要想让自己成为一个会巧妙说话的人，还应该分清说话的语气，就像同一句话，在男人面前说和在女人面前说就得用不同的语气，因为他们的敏感度是不一样的。男人往往不是很敏感，除非我们说的话歧义太重。而女人心思本来就很细腻，我们在和她们说话的时候，就应该更细心一些，毕竟女人的敏感度要比男人高。

我们要想在和敏感者交往的时候更加轻松自如，就应该注意到以上这些内容，了解了这些后，和敏感者的交往也会变得不再困难。只要自己该什么场合说什么话，什么时候该说什么话，只要这些事情分析好了，就算对方天生敏感，也不会因为我们的谈话而伤到自尊心。

面对脾气暴躁的人避免正面冲突

青年人在和别人的相处中，难免会遇到一些这样的人，他们的脾气很暴躁，经常会因为一些小事而大动肝火，让自己怒发冲冠。对我们来说，对方的脾气暴躁可能会成为我们和他们交往的障碍。

对于脾气暴躁的人，我们没办法要求对方对我们脾气好，或者是让对方不要发脾气。人们研究发现，人之所以脾气暴躁，有以下几个原因：

(1)心胸狭窄：对任何事都斤斤计较：一点小事，可能就会触动对方脆弱的神经。

(2)虚荣心过强：虚荣心强的人，往往会因为自己的身份、地位、年龄，对自己产生一种非常强的自信，当别人不小心说的话中，有一句让他觉得伤了自己的面子，他就会大发脾气，通过这种方式来宣泄自己心中的不满。

(3)处于心理过渡期：老年人经常喜欢发脾气，这是因为随着年龄的增长，他们的社交能力变得越来越弱，自我封闭感越来越强，遇到事情就会变得非常敏感、固执，非常容易发怒，情绪的波动也非常大。

(4)一些疾病的先兆：有些人经常发脾气，往往是患某种疾病的先兆，就像肝病患者，虚火亢盛，心情很容易烦躁，经常喜欢发脾气。

(5)很多人发脾气还与他自小生活的环境有关，如父母的脾气很暴躁，孩子自小生活在这种环境中，很容易受到父母性格的影响。这样的暴脾气是很不容易改变的。

了解了脾气暴躁的原因后，我们可能会觉得和脾气暴躁的人交往是一件很困难的事情。其实，要想和脾气暴躁的人交往其实也是有诀窍的，只要自己不触及到对方易发脾气的临界点，不和对方发生正面冲突，就能和对方进行愉快的交往。

要想和脾气暴躁的人不发生正面冲突，首先我们应该体谅对方的难处，对方发脾气肯定是有原因的。如果我们的老板是个脾气暴躁的人，对方的暴躁可能是因为公司的效益不好，也可能是因为他们身上的担子太重、压力太大，所以脾气暴躁也是情有可原的，当我们在和老板交往之前，可以先通过渠道了解老板易发脾气的原因，如果是因为工作，可以委婉地向老板提出自己行之有效的建议，帮助老板更好地解决让他忧心忡忡的问题。如果是因为工作之外的原因，我们可以和老板进行坦诚的交流，让老板说出自己发脾气的原因，这样一来，老板肯定会有所收敛，接下来的交往会更顺畅。

如果发脾气的人是自己的爱人，两个人在一起经常是三天一大吵，两天一小吵，会让我们变得神情憔悴，无心工作。这种时候，我们首先应该反省自己，一个巴掌是拍不响的，假如自己不和对方发生争执，对方是不会轻易对自己动怒的，就算是动怒，假如我们尽量避免，也不会引发家庭战争。所以，要想和对方继续生活下去，就应该顺着对方的话题说，不要故意和对方唱反调，就算对方的观点和自己是相左，也应该心平气和地和对方商量，而不是武断地下决定。

不仅是老板、爱人，我们在生活中会接触到无数的人，很多人都是因为性子太直，感情容易冲动，我们不经意的话可能就会让对方大动肝火，双方

的关系很容易急转直下。所以，在和这类人交往的时候，一定不要和他们发生正面冲突，最好的方法就是忍让对方，只要在我们所能承受的范围内，对方做的事、对方说的话，我们都可以接受；如果超过了我们所承受的范围，我们也应该用一种委婉的方式向对方说明自己的建议。只要自己心平气和，对方也会少发脾气的。

当对方发脾气的时候，我们要想让事态不再扩大，最好的方法就是保持沉默，当对方将自己内心的不满发泄出来之后，自然就会平静下来，如果我们和对方进行寸步不让的口舌之争，只会让事情的发展越来越不尽如人意。

应对城府深的人要小心谨慎，保护自己

年轻人今后在社会上打拼，经常会碰到城府深的人，这些人在社会上的时间比较长，人生经验也相当丰富。对于人生经验缺乏的年轻人来说，如何和他们更好地交往呢？

城府深的人往往是那些将自己隐藏得很深的人，他们不想让别人看出他们的心思，不想让别人揣摩透他们的想法，总是通过各种方式来保护自己。听他们说话往往是不着边际，让他们表明一下自己对某事的观点，他们经常的表现是，没有什么明确的表示，总是含糊其辞，或者是说些隔靴搔痒的话。作为刚成人的青年人，和他们交往，的确是一件很困难的事。

要想更好地和城府深的人打交道，首先应该了解对方城府深的原因。一般来说，城府深往往有以下几个原因：

(1)工于心计：在社会上打拼，自己城府不深，往往会成为别人算计的对象。所以，很多人在社会上历练几年之后，为了让自己不被别人算计，他们就会想办法将自己保护起来，在各种矛盾中不断周旋，让自己始终处于有利

的地位。

(2)曾经受过伤害:城府深的人还有一种可能,就是他在社会上打拼的时候,曾经受过伤害,于是对任何人都不相信,对社会、对他人,总是持非常强烈的敬而远之的态度。之所以城府深,是不想让自己再受伤害。

(3)故弄玄虚:还有种人非常无知,对于某件事,自己根本就拿不出什么有价值的意见,在这种情况下,为了掩饰他们的无知,就故意将自己装得城府很深,以显示自己学问高深。

了解了这些情况以后,年轻人在和这些城府深的人交往的时候,就知道如何应对了。

(1)首先,在与工于心计之人交往的时候,要小心自己被他们利用。对于自己的底细,最好不要让他们知道,假如对方知道了,很容易将我们视为他们利用的工具。这种人在和我们交往的时候,很喜欢和我们套交情,让我们放松对他们的警惕。工于心计的人是不能做朋友的,因为在他们的世界里,只有可利用和不可利用之分,他一旦和我们套交情,就意味着你对他是有用处的。

(2)其次,假如城府深的人是第二种人,我们在和他们交往的时候,应该坦诚相见,让对方明白我们和他的交往不是有利可图,不是为了伤害他,而是为了更好地帮助他。要想让对方放下对自己深深的防备,我们应该做的是向对方敞开心扉,让对方明白我们的真心。

(3)假如对方是第三种人,对方的城府完全是装出来的,想让对方提出什么实质性的或者是建设性的意见完全是不可能的,又怎么指望对方会给自己什么帮助呢?

对于城府深的人,我们要想和他们更好地交往,也是有战术的:

(1)兵不厌诈:如今的职场就像战场一样,处处布满了玄机,我们要想让自己不被城府深的人算计,最好的方法就是对自身的实力有所隐瞒,让对方看不清自己到底有多少实力,以此来迷惑对方。

(2)换位思考:我们经常会听到这样的话,“这个人不懂事”,不懂事的意

思就是不懂人情世故,没有一点城府。现在这已经是一个很沉重的称号了。我们在和城府深的人打交道时,不应该仅仅将自己的眼光盯在眼前微小的利益上,而是应该让眼界变得更开阔,将眼光放在长远利益上。换位思考,会更好地审视自己的言行,看到自己身上的缺点,并不断改正。

(3)提高自己审时度势的能力:有城府的人往往是因为眼界比较开阔,他们能够提前预测出以后会产生什么样的结果,我们要想让自己更好地和城府深的人交往,就应该提高自己审时度势的能力,知道自己什么时候该进取,什么时候该退让,什么时候该出击,什么时候该沉默。当自己的这项能力提高时,我们就会发现,其实城府深的人往往就是因为这个能力高,所以他们才能更适应形式的发展。

所以,为了更好地和城府深的人交往,我们更应该小心谨慎地应对他们。

面对骄傲自负的人要敬而远之

年轻人在生活中经常会遇见这样一些人,他们在别人面前喜欢表现得非常骄傲,甚至是非常自负,看不起身边的任何人。这样的人,不仅在求学阶段会出现,就是在青年人踏上社会以后,同样会出现。

骄傲自负的人,之所以表现得很骄傲、很自满,很多时候是因为他们在某方面或者是某几方面,有别人做不到的成就,或者是因为他曾取得了别人不能取得的成功,这些都是别人做不到的,所以他们因此看不起别人,甚至经常在别人面前踩踏对方的尊严,轻视别人的自尊。我们在和这样的人交往的时候,应该采用什么样的态度呢?

既然对方表现得很骄傲、很自负,那是因为他有骄傲的资本,我们在和他们交往的时候,就应该看到对方身上的优点,就因为他在某方面或者是某几方面有别人达不到的成就,所以,我们对他们应该持尊敬的态度,让对方知道我们是尊重他们的,他们的成就是值得我们敬佩的。

对方取得卓越的成就,可能是因为对方的天分,或者是因为对方长期锲而不舍的努力,世界上没有随随便便的成功,没有轻而易举的成就,成功的背面,成就的取得,往往都饱含着当事人不为人知的泪水和汗水。而作为旁观者的我们看见的可能仅是对方成功时的喜悦。所以就因为对方的这份努力、这份执着,我们也应该对对方表示尊敬。

所以在和骄傲自负者交往的时候,我们应该对对方持尊敬的态度,对于对方取得成就自己是羡慕的,但羡慕不是嫉妒。让自己的这份羡慕变为我们以后不断奋进的动力,而不要因为嫉妒让自己变得更加心理扭曲。

对于骄傲自负者,我们还应该注意的是不能一味迎合对方骄傲的心理,这样就会让对方更加看不起我们,因为我们的做法会让他感觉到我们这是在巴结他,想从他那里得到点实惠或者是利益,于是我们的恭喜、祝贺全都会变得一文不值。

作为有骨气的年轻人来说,在和这种骄傲自负的人交往的时候,应该让自己表现得更冷静,不因为有利可图而巴结靠近对方,而是敬而远之,让骄傲自负者知道,让我们尊敬的是他能取得卓越的成就,但我们不喜欢他自负的为人。

远离骄傲自负者,我们就不会让自己受到对方不好习惯的影响,就不会让自己变得势利,就不会让自己为蝇头小利而出卖自己的人格,从而会静下心来研究自己的所学,或者是专心从事自己所做的事业。不久的将来,说不定自己也能取得他人艳羡的成就。

自负的人因为自负,听不进别人的劝解,看不见别人的进步;因为自满,不再潜心研究自己所学,甚至因此而洋洋得意,自欺欺人。殊不知,别人在他退步的时候,已奋起直追,肯定会超过他的成就。

如果我们经常和骄傲自负的人交往,自己不仅不会有进步,反而会变得

更加浮躁，对方身上的恶习同样会传到我们身上，这对我们以后的发展有百害而无一利。所以，我们要想让自己以后能够不断进步，要想让自己以后的成就更加卓越，要想让自己的未来更加精彩，应该做的就是以骄傲自负之人的成就作为自己学习的榜样，而尽量远离骄傲自负之人，让自己不断进步。

避开落井下石的小人

小人的典型特征是将自己的利益放在头等位置，他们不允许自己的利益受到别人的侵犯，更不允许自己痛失利益，于是他们会千方百计保全自己的利益。他们非常擅长的一计是见风使舵，落井下石。

对年轻人来说，进入社会的时间还很短，和人打交道的经验还不是很多，如果自己在结交朋友的过程中，结识了一些落井下石的小人，自己的前途就会变得岌岌可危。因为他们会在我们落难的时候，置我们于更加危险的处境，不仅不会想办法帮助我们，反而在此危急关头抽身离去，让我们祸不单行。所以像这样的小人，如果就在我们的身边，最好的应对方法，就是让自己远离这些落井下石的小人。

落井下石的小人经常是看到对自己有利的人，就会拼命地靠上前去，希望能够从中得到些好处，或者是借着别人的名誉办他们自己的事。这样的人，通常很会趋炎附势、拍马屁，意志不坚定的人，很容易被他们的迷魂汤灌得稀里糊涂，掉进他们的陷阱。而当我们有困难的时候，他们却总会故意远离我们，不是这个缘由，就是那个借口，总之就是不想和我们再攀上任何的关系。这样的小人，在生活中很常见。他们经常披戴着慈善家的外衣出现在我们的生活中，事实上却别有用心。为了不让我们的工作和生活，受到这些人的影响,最好的方式就是和这些小人划清界限。

要想防止落井下石的小人对自己的生活造成影响,我们应该学会鉴别自己身边这些落井下石的小人。首先我们应该警惕那些经常奉承自己的人,我们应该学会审视自己,是不是自己真的有他说的那么优秀。多从自己身上找找他奉承我们的原因,是不是因为自己亲人的关系,或者是自己有什么地方是他可以拿来利用的,假如自己的确是有些可以为他们所用的有利条件,那我们就该小心了,也许对方就是落井下石的小人。

除此之外,我们也可以采用试探的方法试出对方的真心,如故意散播一些对自己不好的谣言,看看对方是什么样的反应。一般来说,落井下石的小人在这种时候,会比谁都敏感,因为他们害怕我们的不利会威胁到他们的利益,所以,及早地见风使舵,既可以让自己免除风浪的袭击,也能让自己更好地保存实力。在这种试探中,我们也能顺便知道,谁才是自己最真心的朋友。

一旦看清楚这种落井下石小人的真面目,我们应该做的就是赶紧远离他们,让自己不再受到他们的影响和打击。如果他们尚未露出自己的真面目,我们暂且可以佯装不知道对方的真实底细,如果我们及早拆穿他们的真面目,很容易让他们反咬一口,或者是往我们头上戴上不好相处的大帽子。不到万不得已,不要将他们逼上绝路。当他们露出了马脚之后,再揭穿他们的真面目,往往效果更好,对方知道自己所做的不对,又因为自己的真面目已经被揭穿了,很容易让他们就此放弃,所以,这种时机才是最好的远离对方的时机。

俗话说,害人之心不可有,防人之心不可无。对于这种小人,我们千万不能被表面的现象迷惑了自己的眼睛,不管此时他们在我们面前说得有多好,一遇到危险的情况,他们总是最先倒戈相向。

和人交往的时候,我们一定要睁大眼睛,看清楚对方的为人,不是所有人都是值得自己付出真心的,不是所有的人都会在自己困难的时候雪中送炭的。看清落井下石的小人的真面目,让自己的未来不会因为他们的存在而脱离正常的轨道。

第四章 20岁后做事想得长远

——与人方便，与己方便

年轻人已经迈入成年人的门槛，所以很多事不能再用以往的孩子的眼光来看待，对于一些事情的处理也不能用以往不成熟的思维来解决，人总是要学着长大的。年轻人要想让自己以后的社交更加顺利，要想让自己和别人的关系更加和谐，就应该懂得一些更好的处世方法，让自己的心灵更加美好，让自己的情操更加高尚。

帮助别人，也是给自己行方便之路

年轻人即将步入社会，学习更深的人际交往知识。作为社会一员的青年人应该知道的是，与人方便就是自己方便。这是一句古话，但是涵盖的意思却是很明显的，一个时时处处给别人行方便的人其实就是在给自己行方便。

当人心中只有自己的时候，其实是把麻烦留给了自己；当人心中有别人的时候，别人自然会把方便留给你。心中总是在顾念着别人，其实就是在顾念着自己。

年轻人马上就要步入社会，每天会和无数的人打交道，如果只考虑到自己的利益，看不到别人的利益，就会做出很多自私的行为，而这样的做法虽然看似方便了自己，其实是在为自己惹麻烦。

电视上曾有这样一则报道，说德国大众的汽车喇叭，在中国的使用寿命不足两年，而同样的喇叭在英国却可以使用五年以上。为什么同样的喇叭，在中国和在英国的使用寿命有如此大的差异呢？毫无疑问，是因为中国人使用喇叭的频率比英国人高。在中国经常见到的场面就是因为堵车而排起长长的队伍。每个人都希望自己能够早点过去，早点摆脱堵车的干扰，于是纷纷按响自己的喇叭，谁也不让谁，再宽的马路也经不起车的互不相让，于是堵车的场面时时上演。而在英国却很少出现这样堵车的情况，不是因为英国人的马路宽，实际上英国的马路比较窄，甚至有的马路两辆车无法并行通过。但是因为英国人懂得互相礼让，他们经常会先让着别人，而且被让的一方总会用手势向对方表示感谢。正是因为英国人懂得与人方便就是与己方便的道理，所以在英国人们不会因为争马路而大按喇叭。

一个不会礼让的人是一个自私的人，因为他眼中看到的只有自己的利益，他看不到自私背后的道德缺失；而一个时刻想着别人的人，是一个道德高尚的人，因为他知道时时为别人着想，别人自然也会为他着想，这是相互的。

我们应该谨记这样的做人道理，遇到什么事情的时候，不要总是想着自己的利益，如果自己的利益是建立在别人利益之上，那就算自己最后得到了应得的利益，但是对方肯定会觉得这个人没素质，进而会觉得我们是个自私自利的人。

对我们来说，在生活中应该如何做到与人方便就是于己方便呢？

(1)学会换位思考：站在自己的角度上考虑问题，那么受益的最终只能是自己，如果换个角度考虑问题，可能就会从他人的利益出发，于是就不会因为谋取自己的利益而伤害到别人了。

(2)学会礼让：人们之间经常会发生纠纷，究其原因，就是因为人们不懂得互相礼让，为了一点的小利益，为了一点的小方便大动干戈、恶语相向，甚至是大大动手，其实只要有一方懂得谦让，很多争吵就会避免。而人们经常做的不是互相谦让，而是一个比一个更蛮横，更不讲理，于是就会出现很多口舌之争。

(3)学会忍让：俗话说一个巴掌拍不响。事实正是如此，任何争吵都不可能是一个人的原因，如果争吵的两方中，有一方知道忍让，知道退一步海阔天空，就不会让争吵升级，就不会发生更多纠纷。只有知道忍让，生活中才会少是非。只有这样，我们的心情才能每天都保持愉快。

我们现在还年轻，需要学习的东西还很多。社会是一个更高级的大学，因为就算是一件再平常的小事，往往都会折射出这个人的品质。如果年轻人步入社会，一心总是想着自己的利益，就看不见自己道德的欠缺，就不知道如何与人们和谐相处，这样的心态会让我们永远都处于“作战”的状态中，那工作该如何开展，生活又怎会美满？

作为社会的一员，每个人都应该知道社会的和谐是需要大家维护的，一个人人都不懂得与人方便的社会是一个让人无法静下心来生活的社会，人会越来越焦躁，于是就会有更多的纷争。所以，我们应该谨记：要想让自己以后的生活更好，与人方便就是与己方便。

给别人多些机会，为自己赢得更多朋友

人人都有表现的欲望，尤其是那些表现欲望强的人，在一些大众或者是正式场合，更希望能够表现自己，让自己成为大家关注的焦点。如果我们想结交更多的朋友，就应该多给别人表现的机会，不要总是一个人将风头全都占了。

给别人表现的机会，并不意味着自己就是差的，别人就比自己强。我们很多人不懂得这一点，总认为如果给朋友表现的机会了，就会把自己给忽视了，自己的才能、才华都没有施展出来，就对朋友的表现非常嫉妒，甚至埋怨对方抢占了自己的机会，导致两个人的好友关系越来越差，甚至最后分道扬镳，这样的结局很令人惋惜。我们应该清楚，自己和好友的相处不是为了表现，不是为了竞争，而是因为对方和自己意气相投，是好朋友，如果给对方表现的机会，让对方将他的才能都显示出来，自己脸上也是有光的，因为朋友的水平其实也是在间接反应着我们的水平。

我们的人生经验还比较匮乏，还不懂得如何更好地结交朋友，不懂得如何与人和谐相处。在和别人相处的时候，我们总是情不自禁地高谈阔论，不甘心在别人交谈的时候，让自己身居人后，总是喜欢在别人的交谈中，用自己的观点征服别人。青年人在表现自己的时候，有时也是在打击着别人的自尊，伤害着别人的尊严。就像法国哲学家罗西法古说的那样：“如果你要得到仇人，就表现得比你的朋友优越吧；如果你要得到朋友，就要让你的朋

友表现得比你优越。”事实正是如此,一个总是表现得比别人优越的人,他在生活中就会有很多的敌人,因为没有人愿意和他站在同一阵线上。如果我们多给别人表现的机会,对方就会觉得自己在我们心目中的地位是非常高的,于是就会愿意和我们交往,时间一久,双方自然就会成为朋友。

现在的社会竞争激烈,作为年轻人来说,要想让自己的未来更精彩,不要整天和别人比来比去,显示自己比别人强,处处为自己树敌,而是应该学会为广交好友,让自己在生活中处处都有朋友的关怀和帮助。就像人们经常说的那样,“在家靠父母,出门靠朋友”,一个只会为自己树敌的人是走不远的,因为他的敌人太多,而自己的精力毕竟有限的。所以年轻人应该学会交友之道,让自己的生活因为朋友的参与而更精彩。我们要想让自己的朋友越来越多,甚至是化敌为友,最好的方法就是学习哲学家的方法,多给朋友表现的机会。如何多给朋友表现的机会呢?

(1)尊重对方:人与人之间的交往应该是建立在互相尊重的基础上,要给对方表现的机会,首先应该尊重对方,有想和对方交往的欲望,对方的观点,赞成也好,不赞成也罢,最关键的就是给对方说话的机会,就算不赞成,也应该尊重对方的观点,只有这样,对方才愿意和我们进行接下来的交往。

(2)给别人展示优越的机会:每个人和别人交往,都希望对方认为自己很重要,希望对方倾听自己的观点。我们在和别人交往的时候,要想给别人展示其优越的舞台,就应该仔细倾听对方的谈话,适时的赞成对方的观点,让对方觉得他在我们心中的地位是很重要的,自己很愿意听他的倾诉和讲述。不要轻易打断对方的谈话,摒弃自己在倾听别人说话时的陋习,比如心不在焉,小动作不断,这些都给了对方不好的反馈。

(3)定义好自己的身份;我们要想让别人多表现,那就应该定义好自己的身份,自己是以一个倾听者的身份出现,或者仅仅是对方表现优越时的一个配角,所以不要剥夺对方主动的地位,应该将所有的光芒都聚焦在对方的身上。

对年轻人来说,可能总会因自己无意识的表现影响到别人的情绪。为

了让自己少树敌，多交友，平时的生活中，应该多加强自己在这方面的修养。只有这样，我们的朋友才会越来越多。

别只扫自家门前雪，别人的忙也要帮一帮

人们常说："各人自扫门前雪，莫管他人瓦上霜。"这句话现在经常被用来批评别人的自私。年轻人要想在社会上广结人缘，就应该做到不仅只扫自家的门前雪，也应该管管他人瓦上的霜。

其实这句话仅是借雪来说明人的生活态度，如果一个人很自私，只看到自己的麻烦、自己的困难，对他人的困难、麻烦理都不理，生活必将失去很多乐趣。如果我们在生活中只注意到自己的感受，就会忽视别人的感受，甚至是伤害到别人，这样的生活态度是不理智的，也是不成熟的。智者的生活态度就是既要清扫自家门前雪，也要清扫他人瓦上霜。这样自己在危难的时候，即使自己不清扫门前雪，也会被别人清扫得干干净净。

一个只注意自己感受的人，往往是一个不会和别人相处的人；一个既关心自己，也关心别人的人，常常是一个道德高尚的人，因为他知道如何顾及别人的感受。所以，我们要想赢得别人的关注和喜欢，赢得别人的帮助和支持，首先应该做的就是关心和帮助别人。

戴安娜王妃已经去世很多年了，但是很多英国人还是非常怀念她，就是因为她有一颗关心别人的心和一个宽广的胸怀。著名的芭蕾舞明星埃利，22岁时不幸患上了骨癌，准备截肢，埃利十分痛苦，因为对一个芭蕾舞演员来说，截肢意味着要永远告别自己心爱的舞台。手术前，埃利的家人和朋友，甚至是她的观众都来看望她，他们都用相似的语调和语句安慰这个悲伤的女孩儿，"要坚强，别难过"，"一定要挺住，我们都会为你祈祷的"，所有的

人都希望这个悲伤的女孩坚强起来。埃利一言不发，她脸上的忧郁告诉了众人这些安慰都是没用的，因为没有人体会到她内心的感受。埃利很想见到戴安娜王妃，因为她优美的舞姿曾经得到了戴安娜王妃的赞美，夸她像只“洁白的小天鹅”。戴安娜王妃听到这个消息后，从百忙中抽出时间去看望生病的埃利。戴安娜王妃没有像其他人一样对埃利说些安慰的话，而是将埃利搂进自己的怀里说道：“好孩子，我知道你一定很伤心，痛痛快快地哭吧，哭够了再说。”埃利一下子泪如泉涌，自从她生病以来，所有人都在劝她坚强，所有安慰的话都听过了，但是没有一个人体会到她内心的感受，埃利觉得最能理解她的，就是戴安娜王妃。因为她能体会到别人的感受，理解别人的难处。正是因为她的温柔、善良、待人亲和，所以时至今日，很多英国人依然非常怀念她。

我们要想让自己成为一个受人喜欢的人，当然要首先能清扫自己家门前的雪，如果连自己身上的困难都解决不了，又怎么会有闲心去管别人身上的麻烦呢？同时还要在自己能力所及范围之内，看到别人的难处，体会到别人的感受，尽己可能地帮助别人。人生的道路还很长，谁也不能保证自己以后的人生之路坦坦荡荡，没有一点坎坷和磨难，在别人困难的时候帮助了别人，那么当自己遇到困难的时候，别人才会出手相助。

知道这些道理后，我们就应该多注意自己平时的一举一动，不要只考虑自己，关心一下别人的感受，这样才会让我们的人际交往越来越顺畅。就算没有任何回报，刚步入社会的我们在做事的时候多考虑下别人，别人就会得到更多的方便和关心，这种施与的快乐对我们的生活也是有益的。

所以，年轻人在生活中，就应该不仅仅能清扫自家的门前雪，必要的时候也关注一下别人家瓦上的霜。

摘下你的有色眼镜，不要以貌取人

作为年轻人来说，在社会上打拼会接触到很多的人，对这些人的认知，如果仅仅是停留在以貌取人的层面上，就会让我们戴上有色眼镜，并且这种认知会直接影响到我们以后的人际交往。

美国著名的心理学家爱德华·桑代克在研究后发现了晕轮效应，也称为光环效应。晕轮是月亮被光环笼罩时，产生的一种模糊不清的现象。桑代克认为，人对人和事物的认知往往是从局部出发，不断扩散为整体，从而得出整体的认知形象。就像晕轮一样，这种认知带有很大的主观性，往往会犯以偏概全的错误。晕轮效应往往在和陌生人或者是不熟悉的人交往上反应明显，对于长期相处的朋友，往往不会起到很大的作用。

这不是一两个人的认知规律，几乎每个人对他人的认知反应都是如此。当一个人在某一方面表现得好时，就认为这个人的优点多，甚至会主动为这个人增加上不少的优点，就算自己不了解、不熟悉对方，甚至没怎么接触过，因为对方给自己留的第一印象是好的，所以，就认为这个人各个方面都是好的。如果一个人给人的第一印象不好，就算这个人身上有很多的优点，但是因为晕轮效应，人们同样会认为对方是在做作，是在演戏，根本就不是真实的他。由此，我们可以看出晕轮效应对人的认知能起到多么大的作用。

晕轮效应最典型的例子就是“情人眼里出西施”，相爱的两个人往往彼此眼中的对方都是最美的、最好的，甚至是无人能及的，就是因为彼此都对对方倾入了感情，所以看不见对方身上的缺点和毛病，甚至认为对方是最完美的。因此别人眼中的他和恋人眼中的他，描述出来有可能就是两个人。我们在生活中，要想让自己完全不受晕轮效应的影响是不可能的，但要尽量少受晕轮反应给自己的认知带来的偏差。

(1)评价一个人要一分为二：评价一个人的好坏不要太绝对，太绝对的评价方法，往往会给我们造成很大的影响，因为如果仅看到了对方的一两个优点，就认为对方是个完人，那么当对方某天犯错误的时候，你就会认为这是不可饶恕的，将原来的评价全部否定，转为否定的评价，进而不断远离对方。这对对方也是不公平的。

(2)评价一个人尽量做到客观、全面：单凭某个缺点、优点评价一个人是不全面的，单凭几个朋友的介绍也是不够的，要想全面客观地了解一个人，不能单方面下定论，也不能主观下定论，这样会产生很大的识人误差。多听听别人对他的评价，不仅要收集关于对方正面的评价信息，也要收集负面的信息；既要收集现在的信息，也要收集过去的信息。别人的评价是别人总结出来的，是以他们自己的标准评价的，这也是不够的，我们要想真正而深入地了解一个人，还需要的是自己长期和对方的相处。当这些方面都综合起来以后，我们才能公正客观地认识一个人。

知道了这些内容后，我们就会知道就算自己不想以貌取人，不想戴着有色眼镜观察人，但是晕轮效应总是在不知不觉中影响着我们的认知。而掌握了晕轮效应之后，我们就可以拿来为我所用。要想让别人对自己的第一印象好，首先就应该从相貌装扮上打扮自己，注重自己做事的点滴细节，不要在这些小事上破坏自己在别人心中的美好形象。另外，我们可以时时向别人展现自己的优点和长处，利用众人的晕轮效应为自己制造优势，增加自己的人际吸引力。

晕轮效应有利有弊，往往会让我们对人的认知和判断发生失误，我们对晕轮效应应该秉持的态度是：尽量减少自己对别人否定的晕轮效应，尽量增加自己在别人心中肯定的晕轮效应。

别人的功劳不能贪，别人的风头不能抢

18 岁是人生的一个分界点，在此之前，年轻人可以专心做学问，不用管社会上某些人之间的勾心斗角、尔虞我诈；在此之后，尤其是进入职场的年轻人，面对的不仅有人情的冷暖，还有很多对年轻人来说一时无法适应的职场游戏规则。

刚过 18 岁的年轻人，因为刚刚进入社会，所以对于很多事情都是没有经验的，尤其是非常陌生的职场。职场是一个关乎人们切身利益的地方，为了争夺更多属于个人的利益，人们都会使出浑身解数，甚至是想出各种方法来占有本来属于别人的利益。尤其是一些小人在职场上经常上演贪别人的功，抢别人风头的戏码。虽然这些人得到了很多意外的收获和惊喜，但是对于被抢者来说，却是一件十分不公平的事。自己辛辛苦苦做出的成绩，全都被别人占去了，自己费了千辛万苦，最终却什么都没得到，他们的心情肯定特别复杂，这里面不仅是委屈，更多的还是对贪功者的厌恶和仇恨。

对于我们年轻人来说，在社会上打拼的时间还不是很长，自己的职场经验相当匮乏，自己的人际关系还没有开始建立，很多东西对我们来说都是新鲜的，要想在职场上如鱼得水、左右逢源，首先应该摆正自己的态度，不贪别人功，不抢他人的风头。

刚进职场，我们首要的任务不是让自己做出多大的成就或成绩，而是在职场上站稳脚跟，如果刚进职场就让自己沾惹到很多是非，这对自己以后的职场生涯是很不利的。

刚进职场的我们都希望自己得到大家的认可，这是积极的态度，也是一个很正常的希望，但是这是需要付出努力才能得到的，不是想想就能想出来

的。很多人之所以会贪别人的功，就是因为眼红对方的成就，只看到了对方取得成就后的前途和光芒，看不到对方背后的辛酸和努力。很多人在职场一直默默无闻地辛苦劳作，最后才有了今天的成就，但是自己还未享受到一点成功的喜悦，就被别人抢走了喜悦的果实，这该多让人难过，抢人功者不知道会不会为自己的行为内疚。

作为职场新手，我们现在正处在为自己树立信誉、建立人脉的关键期，想一鸣惊人引起别人对自己的注意，这是很正常的，因为这样可以为自己树立良好的信誉，也会因此受到公司领导的赏识，但这个一鸣惊人必须是凭借自己的努力得来的。假如这个一鸣惊人是贪别人功而得来的，那我们所付出的代价就不仅仅是信誉的丢失，更有可能是自己的离职走人。

所以，要想让自己的职场生涯进行得顺利，要想让自己以后能够有个好的未来，就不应该贪别人的功，抢别人的风头。贪别人功，反映出的不仅是这个人的急功近利、贪婪成性，更反映出这个人的自私自利、弄虚作假、卑鄙低下等。

要想在职场这个小社会上表现良好，要想让我们在职场上的声誉有口皆碑，要想让领导更加信任我们的能力，首先就要摆脱贪别人功这个不好的习惯，别人辛苦的付出，就应该得到应有的回报。如果我们认为自己贪一次两次的功对自己的将来不会有太大的影响，存这种侥幸心理的人，自己酿的苦果，最终还得是自己吃。因为一旦尝到贪功的甜头，就会让自己一发不可收拾，因为贪功的人骨子里已经有贪婪的成分在作怪，一旦吃到了甜头，又怎么会甘心放手呢？

作为职场新手，我们在职场上的路还很长，成绩都是慢慢做出来的，不是靠抢别人的功得来的，拿着别人的成就混日子的人，能瞒得了一时瞒不了一世，总有一天会露出自己的真面目，到时候，自己就是想后悔都没有地方。所以，为了不让我们自己走上这条不归路，最好的方法就是时时告诫自己：不管什么时候，不管什么场合，别人的功不要贪，别人的风头不要抢。

有君子之风，多做成人之美之事

君子成人之美这个典故出自于儒家经典《论语》：“君子成人之美，不成人之恶，小人反是。”这句话的含义是，君子是有很高德行的人，他们总是想着别人的好，尽自己的力量去帮助别人实现他们的美好心愿。

从春秋时期到今天，有无数品德高尚的人一直将此作为人生信条严格要求自己。成人之美彰显的不仅是人的美好品性，更是多年来的美好品性在自己身上积淀的发挥。一个从小生活在和谐温暖环境中的年轻人更能让自己做到成人之美，而一个自小生活在斤斤计较、秩序混乱环境中的年轻人，可能更关注的还是自己的利益。

自古以来，历史上就流传着很多君子成人之美的故事，从这些故事中，我们可以体会到君子的高尚品性和美好的心灵世界。最典型的莫过于著名的“管鲍之交”。现在人们经常称最好的朋友是管鲍之交，而这个成语里面包含的道理恰恰是最有名的君子成人之美。

管仲是治国奇才，但是如果没有当时鲍叔牙的推荐，他的才能可能早就被无情地埋没了。因为管仲做人非常低调，不喜欢到处宣扬自己的本事和才能，甚至经常让自己表现得很平庸，所以没有人欣赏管仲，除了鲍叔牙。管仲曾经这样对人说：“我曾经和鲍叔牙做生意，赚了钱我多拿，他不会反对，因为他知道我家里穷；我曾经帮鲍叔牙找事情做，但结果却让他更加困难，他不以我为愚蠢，知道时机有好坏之分；我曾三次做官，三次被罢官，鲍叔牙不以我为无能，因为他知道我只是还没有遇到赏识我的人；我曾经三次上战场，做了三次逃兵，鲍叔牙不以我为胆小，因为他知道我有个老母亲要照顾。”管仲最后发出一声慨叹：“生我者父母，知我者鲍叔牙也。”正是因为

鲍叔牙的成人之美，一心想着管仲的好，不抛弃管仲，让管仲最后能够一展其治国之才。

我们经常会望文生义地认为，君子成人之美，就是牺牲自己成全别人，这是一种误解，成人之美不是带有强烈的牺牲性、殉难性的，而是带有很强的日常性，就像生活中的一些小事，既能成全别人，对自己也不是损失。我们要想让自己达到成人之美的美好境界，思想的出发点应该是基于对别人的关爱和帮助，是为了帮助别人实现他的美好愿望，虽然自己最终可能不会得到什么，但是自己的心灵在帮助对方的过程中得到了升华，情操得到了陶冶，这种收获往往不是能用金钱衡量得出的。

现在的社会竞争非常激烈，我们也许会认为，一味地成人之美，自己就会失去很多竞争机会，最终被淘汰出局。但是成人之美和社会这个大环境是没有关系的，因为它仅仅关乎到的是人的内心。一个喜欢成人之美的人，他的身边肯定有无数的朋友；一个成人之美的人，他的眼睛肯定不会只看到实实在在的物质利益。世界上最美好的东西是人的心灵，而心灵的美好，是金钱所不能买来的。

成人之美不仅在古代社会行得通，在当今社会同样行得通，不是所有的人都将自己的全部注意力放到金钱的赚取上，不是所有的人都将自己的理想定义为金钱和权力的堆积。今天社会上的慈善事业和志愿者组织，就是成人之美最典型的榜样，他们无私地为成全别人贡献着自己的力量，不求任何回报地帮助别人，正是因为有这些爱心人士的存在，人间变得不再冷漠，社会变得更加温暖。

作为社会一分子的年轻人，应该多参加这种组织和活动，多帮助别人。君子成人之美不是为了回报，不是为了索取，仅仅是更好地施与。如果每个人都懂得成人之美，社会肯定会更加美好。

愿每一个踏上社会的刚刚成年的年轻人，都有成人之美的博大情怀。

别人提出的任何交往条件都要给与尊重

作为社会一员的年轻人，不管是在人生的哪个阶段，不能缺少的就是和别人的交往。在 18 岁以前，交往范围可能比较狭窄，但是在 18 岁以后，尤其是进入社会以后，年轻人和他人的交往会变得更加频繁，尤其是和一些陌生人之间的交往。

社会本来就是由人组成的，人们之间的交往当然也是以人为本，我们要想让自己和别人的交往变得更加愉快，首先应该知道的是，不管是什么形式的交往，都是以尊重为前提的。

尊重别人可能每个年轻人都会说，能不能做到就是个值得商榷的问题了，因为只有自己知道，自己是不是从心底真正地尊重他人。

尊重他人首先代表的是人际交往中的平等关系，这是我们应该具有的最基本的文明道德，它不因对方的身份、地位和职业而有所改变。尊重他人体现在多个方面：尊重他人的观点和建议，尊重他人的劳动果实，尊重他人的人格，尊重他人的隐私。尊重他人是在保持自尊的基础上进行的，如果尊重他人的代价是让自己变得没有自尊，那就不是真正意义上的平等交往。

我们在和别人交往的时候，懂得尊重别人就是在尊重自己，因为我们对别人持尊重的态度，对方也会对我们尊重。一个不懂得尊重别人的人，是不可能得到别人尊重的。一个不会尊重别人、将别人的尊严不放在眼里的人，又有谁愿意和他交往呢？有这样一个故事，说的就是这个道理。

一天，一个四十来岁的妇女，领着一个小男孩进了美国著名的“巨象集

团”总部大厦下面的花园里,两人在一张长椅上坐了下来,妇女的神情很生气,很显然小男孩是她的孩子,在他们的不远处,一个头发花白的老人正在修剪灌木。忽然中年妇女从包里拿出一团卫生纸,用完后将其抛到老人面前的灌木上,老人默默地看了一眼,然后将纸捡起来,扔进不远处的垃圾箱里。这个妇女于是教育自己的孩子说:“我想你应该看到了,一个没有学历的人,只能做这种低贱的工作。”老人很诧异地看了妇女一眼,但是没说什么又开始默默地工作了,这位中年妇女满不在乎地又扔了几回纸,看到老人默默地将其全部捡起扔进垃圾箱里,中年妇女显得很得意,并对她的孩子说道:“你看出来了,如果你以后没出息,也会干这种卑微的工作。”老人走到妇女前面,对她说道:“夫人,这是私人花园,我不知道你是怎么进来的?”这位妇女很傲慢地说道:“我就是这座大厦分公司的一个副经理,我就在这家公司上班,难道不该进来吗?”老人接着说道:“那请借我用一下你的手机好吗?”这位妇女很不情愿地借给了他,并对她儿子说道:“看见了吧,没钱的人,连部手机都买不起。”这位老人打完电话不久,一名男子匆匆赶来,老人对他说道,免掉女人所有的职务,男子立刻回道,马上去办。这位老人摸着小男孩的头说道:“我希望你明白,世界上最重要的事情,是尊重别人。”这位妇女认出男子是公司的一个高级职员,于是小心翼翼问道,这个老员工为什么有这么大的权力?这名男子惊讶地说道:“这哪是员工,这是公司的总裁詹姆斯先生。”妇女一下子瘫坐在椅子上。

这位中年妇女之所以会丢掉自己引以为傲的工作,就是因为她不懂得尊重别人,看见比自己身份地位高的人,就恭恭敬敬、唯命是从,但是一旦对方是个不如自己的人,就会让自己表现得非常傲慢、盛气凌人。她丢掉工作也是应该的,至少从这个教训中她学会懂得该如何去尊重他人。

尊重他人,不应该凭自己对对方的地位、身份的估价来作为自己是不是尊重他人的标准。一个身份再卑微的人,就算他一无所有,但是他还有人格;一个人再富有,地位再崇高,他也是一个平凡的人。所以我们尊重他人不能因为对方身上的光环,就让自己的尊重变得迥异。

尊重他人是人们交往的道德底线，是人们平等交往的前提条件，是维护别人人格的体现，是我们良好品德的彰显。尊重他人不是说说就可以的事情，它更体现在我们在生活中的表现，放下自己的身价，学会尊重别人，让自己的未来因为尊重而更精彩。

面对他人的敌意多些包容

人们在社会上生活，免不了会和别人发生点小摩擦、小冲突，如果一味纠缠于对方的过错，得理不饶人，就会和对方发生争执。这样一来，一点小小的矛盾，可能会让双方大打出手，以致发展成难以解决的冲突。

人与人之间本来就没有什么深仇大恨，发生点小矛盾、小争执是无可避免的事情，只要一方能够得饶人处且饶人，很多事情就会避免，双方之间的关系也会因此改善。18 岁以后的年轻人，因为在社会上打拼的时间不是很长，再加上年少气盛，很容易因为别人和自己之间的矛盾处理不好，而对对方大打出手，这样一来，不仅不会解决问题，还会因此触犯法律。所以，我们要想让自己和别人更好地相处，让自己有个好的人缘，就应该学会用宽厚化解他人的敌意。

我们很多年轻人都是家里的独生子女，在家里的时候，有家人的宠爱；在学校的时候，有老师的爱护；在社会上，有朋友的关爱。这么多的爱护，让我们中的很多人从小就不知道该如何和别人友好的相处，心胸狭窄，看不得别人对自己的不满，容不得别人对自己的敌意，于是为了让自己心里舒服，很多人采用了极端的方式，用武力解决对方的敌意，这样的做法虽然让自己心里的不满得到了发泄，但是却会因此伤害到别人，身体上甚至心理上。这样的伤害同样也会让这些人自食恶果，等着法律对他们的制裁。

这种解决方式是最差的解决方式,人与人之间无可避免地会发生些小矛盾、小争执,如果总是用这样的方式来解决问题,只会让我们的思想变得越来越极端,心胸越来越狭窄。法国大作家雨果曾说:"世界上最大的是海洋,比海洋更大的是天空,比天空更大的是人的胸怀。"为什么不用宽广的胸怀来化解别人的敌意?

人无完人,我们不可能让自己得到所有人的喜欢,别人对我们怀有敌意也是很正常的,或许是因为我们做的某件事伤害到他了,或许仅仅是因为看不惯我们的处事方式,或许仅仅是他的错觉,种种原因让他们对我们产生了敌意,如果我们用不合理的方式去化解这种敌意,只会适得其反,对方会越来越讨厌你。如果我们知道如何宽以待人,别人的敌意就不会对我们产生太大的心理影响,我们也不会因此让自己愤愤不平,宽厚地化解对方对你的敌意,也就是用我们的人格魅力来化解敌意,这样的方式不仅能有效地说明对方的知觉是错误的,也能更好地彰显出我们的人格魅力。用宽厚来化解别人的敌意,往往会有意想不到的收获。

一个牧场上生活着两户人家,一户靠牧羊为生,一户以打猎为生。牧羊的人家养了很多的羊,打猎的人家养了很多的猎狗。猎狗经常跳过两家之间的栅栏,咬伤牧羊人家的羊,羊的主人几次找到猎狗的主人,让他把狗关好,但是猎狗的主人仅仅是口头答应,没过几天,又会重新上演一次狗咬羊的悲剧。羊的主人很想去找对方理论,好好地指责一下猎狗的主人,但是他转念一想,这样一来,邻居关系估计就不能再维系下去了,于是他想到了一个有效的方法。他将三只可爱的小羊羔送给猎狗主人家的三个孩子,三个孩子一看到洁白的小羊,都非常兴奋,为了不让猎狗伤到孩子的小羊,猎狗主人做了个结实的大铁笼,将猎狗关了起来。从此,牧羊家的羊再未受到过骚扰,猎户因为牧羊户的友好,经常将自己打到的野味送给牧羊户,牧羊户也经常将羊奶酪送给猎户,就这样,两家成为了好朋友。

牧羊户和猎户成为好朋友是理所当然的事情,我们和别人之间的矛盾是不可避免的,但争吵、争执却是可以避免的。只要我们多一点大度,少一点得理不饶人，双方之间的争执就会轻松地化解掉。争吵只能发泄我们心中的不满，不能解决实质的问题，争吵还容易激起对方的不满和更大的敌意。所以，我们要想彻底化解对方的敌意，就应该记住，宽以待人，只有这样的交往方式才能让别人更好地接受我们。

第五章 20 岁后做事灵活机智

——遮掩弱点，改正缺点

18 岁，人生的一道分水岭。年轻人在 18 岁以后，应该学会用成人的思维来要求自己。社会不像学校，在社会上，我们会和很多人打交道，各种各样的人会让我们难以应对。我们要想在社会上立足、生存和发展，首先应该有个正确的社会观，不要让那些错误的世界观和人生观影响到自己的前途。刚进入社会，先有个正确的导向，方能走出正确的路线。同时应该具有正确的是非观，只有具备了这些，我们的人生之路才会更美好。

不做乱嚼舌根的长舌妇

年轻人刚刚步入社会，进入职场，要想让公司的同事早点接受我们，要想让领导更加赏识我们，要想让朋友更加喜欢我们，只会勤勤恳恳默默无闻地做事是不行的，还要会说话，多说话。

多说话，可以向别人展示自己的才华，可以让别人更加了解自己，也可以让自己更好地和别人交往，年轻人和他人之间的隔阂往往也是在说话中消除的。如果一个刚步入社会的成年人，不怎么会说话，或者是说话太少，最初的时候，人们可能会认为对方只是还不适应社会这个大环境，但是如果长时间保持沉默，人们就不仅仅认为是他内向性格的使然，更多的会认为这个人不会与人交往。所以我们要想让自己更受别人重视和欢迎，就应该多说话。但作为刚踏上社会的年轻人来说，多说话的准则应该是：多说话，但是不做长舌妇。

“静坐常思己过，闲谈莫论人非。”这不仅是一种修养，也是我们必备的一种基本的素质。现实生活中，有些人经常喜欢在别人的背后议论是非，这只会降低他在别人心中的形象。

喜欢在背后说人闲话往往分两种情况，一种是太过无聊，譬如整天在家闲着没事的人，空闲时间实在是太过难挨，于是几个人就经常坐在一起闲话家常，张家长李家短的就议论开了。另外一种就是有些小人往往用心计打听别人的隐私，并将其拿来运用，成为攻击对方的利器。为了让别人尽快接受自己，多和别人进行交流沟通是很正常的一件事，但不是任何问题都可以成为交流的话题，像对方的工资、年龄、家庭等很多问题往往是对方不愿意提及的，像这种个人隐私问题，我们最好不要问。假如对方觉得没有关系，

将自己的隐私全都告诉了我们，往往他觉得我们是比较诚实可靠的。知道别人的隐私后，应该将这些话放在心底，而不是拿来到处宣扬，甚至是将甲的隐私和乙的相对比，这样会引起别人的不满和反感，时间一久，没有人会再愿意和我们打交道。宣扬别人的隐私，不管是有意的还是无意的，都是我们不懂得尊重别人的表现。

作为一名初入社会的年轻人，社会经验还不是很丰富，和人打交道的机会也不是很多，有些时候，打听别人的隐私是无意识的，没有其他的动机，但是对方可能不会这样认为。要想让自己少被别人误会，最好的做法就是在和对方交流的时候，一定要用心想想，自己的问题是不是侵犯到对方的隐私了。

在职场这样一个错综复杂的利害场所，那些会算计的小人，喜欢打听别人的隐私，并在某些时候，出其不意地拿来使用，借此来打击对方，抬高自己。所以，进入职场的年轻人如果想让同事更快地接纳我们，最好的方法就是在职场上不谈任何有关隐私的话题。这既是为了保护自己的安全，也是更好地尊重他人。

作为一个经验不足的年轻人，我们既应该不让自己做个长舌妇，也应该学会阻止长舌妇对自己的危害。对于那些无伤大碍的闲话，自己完全可以一笑置之，不用放在心里，只要用自己的实际行为去粉碎这些闲话就可以了。假如对方的闲话，让自己无法再忍耐，我们也可以主动出击去终止这些闲话。

我们的人生路毕竟还很遥远，要想让自己的前途越来越好，首先就应该有个正确的说话态度，只有这样自己的路才会越走越顺畅。

别让妒火烧伤别人烧毁自己

年轻人刚刚步入社会，和那些在社会上打拼了一段时间的人比起来，可能就是一无所有的，于是一些年轻人一看到别人比自己强，别人的东西比自己多，内心深处就会产生憎恶和羡慕、愤怒和怨恨、自责和失望、不甘和虚荣，以及伤心和悲痛的复杂情感。

会嫉妒是人之常情，嫉妒是人之本性，只要嫉妒是在一定的范围内，就是正常的，因为这种适当的嫉妒往往会督促当事人向自己嫉妒的一方看齐，并将自己的嫉妒转化成自己前进的动力。但如果嫉妒一旦超出了这个范围，往往就会给当事人造成很坏的影响和作用。因为当内心全被嫉妒占满，为了超过对方，一旦自己的实力不允许，往往会做出冲动或极端的行为，比如故意诋毁对方、借机向对方进行挑衅，甚至是威胁对方的人身安全，这样做就不对了。

嫉妒对于年轻人来说并不是件陌生的事情，在学校读书的时候，我们经常拿自己的成绩和一个实力跟自己差不多的人相比，当对方的成绩好过自己的成绩时，或者是当一个比自己学习差的人，考出来的成绩比自己好时，年轻人就会产生嫉妒情绪，嫉妒对方比自己的成绩好。如果将嫉妒运用得当，接下来的学习会更有动力；如果运用不当，想出其他的方法来害对方，结果只会适得其反。

在社会生活中同样如此，很多人经常喜欢拿自己和别人进行比较，当对方的条件比自己好时，就会让自己非常嫉妒，而当自己拥有了好工作或者是拥有了对方没有的东西时，就会满足了自己的虚荣心，但是这也仅仅是一时的满足，因为总会有人比自己的条件好，人总会找出很多地方让自己感觉不满，并不断嫉妒他人。这样的情绪一旦在心中郁积过多，就会让当事人觉得自己的生活真是太不如意了，总是让自己生活在不满中。

嫉妒归根究底，就是当事人对自己的不满，觉得自己不行，尤其是找到了可以对照的人之后，这种心理会更加膨胀。年轻人刚刚步入社会，很多事情总是需要不断积累的，财富、经验、人脉，以及自己的生活条件，这些都是一步步来的，不可能一下子全都有。大多数人都是这样打拼过来的，对于那些让自己心生嫉妒的人，我们往往只看到了对方现在身上的光芒和荣耀，看不到对方当时吃苦、磨难的历程。假如自己也一步步踏实走过来的，说不定未来的自己比对方还要闪耀。

嫉妒对我们来说是具有两面性的，运用不好的话，既会伤了对方，也会害了自己，最后落得一个得不偿失的局面。嫉妒源于自己的缺乏感，就是因为别人得到了自己想要的东西，所以人才会嫉妒。一旦我们的嫉妒心过强，就会成为一种萦绕于心、挥之不去的强烈的负面情绪。这种负面情绪一旦积累过多，就会更加强化我们觉得自己不行的想法。这种负面情绪会让我们以后的生活逐渐脱离正常的轨道，如果不积极寻求改正的方法，有可能会影响我们一生。

为了让自己尽早摆脱嫉妒造成的负面情绪，我们可以换一种思维，自己和自己比。和别人比，年轻人永远只会一时高兴，但是如果拿自己的现在和自己的过去比，自己得到的可能就是长久的高兴，只要自己一直不断前进，就算这进步是微小的，但是自己还是能够从中体会到满足感。

承认自己的不行，不要因为看着对方比自己好，就觉得自己技不如人，就觉得自己一无是处，这样只会挫败自己的进取心。大大方方的承认自己不行，不是故意示弱，而是为以后的扬长避短做准备。承认自己在某方面不行，我们就会积极寻求自己擅长的方面，在自己擅长的方面超越对方。

要想让自己不受嫉妒的危害，最关键的还是我们应该有个豁达的人生态度，别人比自己强，是很正常的，“人外有人，天外有天”这句话说的就是这个道理，让自己看开这些，只要自己生活幸福，其他的一切，或者是别人的所有又怎么会影响到自己呢?

年轻人不要为了面子而活

中国人自古就好面子,人们非常看重自己的面子,因为面子问题往往会牵扯到自己的尊严和地位问题。对于刚进入社会的年轻人,好面子,却不是件好事。

面子更多的含有权力的意味,往往是个人社交资源的体现,如果一个人好面子,往往是因为他想向别人炫耀自己的权力和能力,而这些东西往往不是任何人都有的,于是就会让当事人产生一种心理上的满足感和荣耀感。

年轻人刚刚步入社会,不会有很多名利上的东西,如果自己本身就是个好面子的人,就会让自己时时感觉没面子,让自己在社会上抬不起头来。我们有些人因为看不透面子问题,经常会做些面子工程,自圆其说地为自己做一个面子,结果往往都会东窗事发,只能自尝苦果。

为了让自己在别人面前有面子,很多人都会说谎话,因为不会有人真正去调查这个人的真实底细,只要做足这个面子工程,即使真实的情况和自己所说的情况完全是两回事,那也是无所谓的。

面子的产生有两种原因:一是对个人资源和个人尊严的渴望,我们很多人为了让自己在别人面前有面子,经常会称自己可以做到别人做不到的事情,这样就可以获得其他人的羡慕,让自己的虚荣心得到满足;二是自卑的心理,我们经常会听到的一句话,就是“死要面子活受罪”,为了顾全自己的面子有些人经常会不顾一切,也正是因为死要面子,宁愿和别人撕破脸。

为了面子,很多人到头来是既害人又害己,得不偿失,想想还真是可惜。作为年轻人来说,我们已经有很多的前车之鉴,没有必要再去步他们的后

尘。先人们曾经也是困扰于面子问题，所以有了后来的“打肿脸充胖子”和“死要面子活受罪”，就是因为看到了好面子的危害，所以才能说出这样的醒世警言以告诫后辈。可无数的人还是前仆后继的倒在了自己好面子的路途上，因为他们不知道就算是好面子，也应该在自己能力范围之内，超出这个范围，就是丢面子了。

我们很多人经常会为了顾全面子，让自己吃尽苦头。为了让自己有面子，经常会盲目自大起来，看不见自己的实际能力和条件，为自己惹下很多麻烦。比如为了在朋友面前有面子，许诺为朋友做成某事，但是实际上自己根本就没有这方面的人脉和能力，根本就办不成这件事，最后不但自己颜面扫地，朋友也会不断远离而去。还有些人，因为自卑，怕别人看不起自己，就不顾一切后果的去维护面子，甚至不惜和别人绝交。既让对方下不来台，自己面上也无光。

很多人，在步入社会后，因为受到社会环境的影响，变得越来越爱惜自己的面子，这是正常的心理活动，但是爱面子应该有个度，要坚持自己的原则。千万不能爱面子过了头，凡事只是考虑到自己的面子问题，甚至为了面子牺牲掉自己很多其他的东西，这样的要面子就太过了。

刚刚进入社会的我们，对于很多权势和金钱上的东西，才刚刚接触，所以为了让自己以后不重蹈那些好面子人的覆辙，应该让自己有个正确的人生观和世界观，看清楚好面子只是自己内心的虚荣心使然，看清好面子会产生什么样的后果，理智果断的让自己远离好面子的深渊，选对自己该走的人生航向，为未来积蓄力量。

愿我们都能放下自己的面子，脚踏实地的做好自己的事业和工作，让自己有个美好的未来。

舍不得小便宜,成就不了大事业

年轻人在社会上行走,首先应该知道的是,人生是一个不断舍、不断得的过程,只懂得得,而不知道舍,最终什么也得不到。每个人的人生都是由舍和得组成的,只有舍掉那些对自己不重要的东西,繁华落尽,最终留在自己生命里的往往就是自己最想要的。

作为年轻人来说,我们可能还不是很清楚,自己想要的是什么,自己应该舍弃的是什么,只有将这些东西分清楚了以后,我们才能做出最明智的人生选择。

正如孟子所说的那样:“鱼,我所欲也,熊掌,亦我所欲也,二者不可得兼,舍鱼而取熊掌者也。”我们进入社会,会遇到很多艰难的选择,有时候只能舍弃一个才能成就另外一个,如果因自己的贪心想兼得,可能最后什么也得不到。我们进入社会,会遇到很多的诱惑,就像生活中的一些小便宜,可以让我们处处尝到甜头。但是如果尝上瘾了,就会毁了自己的名声。因为时时处处想着占小便宜,肯定会侵犯到别人,而时间一久,当熟悉我们的人都知道了我们的这个嗜好后,肯定都会不断远离。因为他们会觉得我们不适合做朋友,因为太斤斤计较;不适合做同事,因为太自私;不适合做恋人,因为太小气;同样不适合做员工,因为太算计。

我们要想自己以后的事业能够有所成,要想闯出一片属于自己的天空,就应该学会舍得小便宜,成就大事业。古往今来,成大事业者,往往都有豁达的心胸,不为蝇头小利而曲身,不为鸡毛蒜皮而伤神,因为他们不会着眼于这些小节。他们往往都是眼界开阔之人,将自己的精力全都放在了未来的事业上。正是因为他们知道舍得小利益,才会成就大事业。

有些年轻人喜欢占小便宜，这种习惯往往是后天养成的。他们喜欢买那些看似很便宜的东西，或者是买些自己没有用，但是正在打折的东西，为了占到这些小便宜，他们可以不顾路途遥远，可以风雨无阻，但是占小便宜真的就沾光了吗？结果往往是占小便宜吃大亏，便宜的东西往往质量不好，买回来没多久，就会出现很多问题，最后叹息自己真不该占这些小便宜。

我们不断想办法占得更多的小便宜，用的是小聪明，而舍弃这些小便宜，用的则是大智慧。表面上看来，到手的小便宜不占，实在是太傻了。而这正是智者的智慧之处，自己舍得小便宜，时间一久，人们就会知道这个人是可靠的、值得信赖的，于是名声也就渐渐传播出去，而信誉往往是事业成功最有利的保障。

小便宜占得再多，它也成不了大利益，还让占便宜者背上很多不好的名声。大事业所赚的利润往往是小便宜的好几十倍甚至是好几百倍，关键得看当事人是如何选择的。年轻人进入社会，现在所做的一切都是在为自己的未来打基础，要想让自己能够有所建树，就得用大智慧来成就自己。

希望每个刚成年的年轻人都能成为智者。

话说得太满反而不中听

每个人都是有情绪的，不可能事事都顺心，不是每件事都会按照自己希望的方向发展，不是每个人都会讨得别人喜欢。年轻人在社会上同样会遇到这些令自己不满的事、不满的人，可是如果直接生硬地表露出自己的观点，往往会让别人反感，甚至为我们招来很多意想不到的麻烦。我们如何将自己的不满说得好听呢？

首先我们应该知道自己有不满情绪是很正常的一件事，只是应该如何更有效地向对方表示自己的不满，却是一门年轻人应该研修的学问。

直接当面向对方说出自己的不满，这是一件很危险的事情，尤其当对方是我们的顶头上司时，这样做，会让上司下不来台，就算对方不指责我们，但是在以后的工作中，我们会发现，自己在职场上的日子越来越难过，领导老是不满意自己的工作，最后的下场很可能是卷铺盖走人。这就是我们为了自己的一时口快得罪了上司的下场。

在背后说对方的坏话，以发泄自己的不满情绪。也许这种方法可以将当事人心中郁积的不满发泄出来，向第三方诉说自己对某人的不满情绪，有可能会得到对方的认同，因此可以让我们的心情得到缓解，郁积在心中的不满也可以通过这个途径传播出去，并让我们感到舒心。但是如果我们在向第三者诉说的时候，不断地说些对方的坏话，或者是故意散播对方的一些谣言，以及要报复对方的言论的话，这种带有明显攻击性的话语，可能会更激化当事人和我们之间的矛盾，使双方之间的问题更加升级。而且如果这个第三者是个有心计的小人，在听到这些不满的话后，可能会为了自己的利益，而将这一情况反映到上级那里，这样的话，不知道什么时候，我们就成为了破坏公司团结的不良分子了。

但是将不满放在心里也不是一个好的解决办法，不断地郁积会让我们产生一些心理上的疾病，所以，如果心里有不满的话，我们应该发泄出去。但为了让自己的不满不激化双方之间的矛盾，不影响自己的工作，同时不影响自己的未来，我们应该将自己不满的话说得好听点，既发泄了自己的不满，也批评了对方，表达了自己的意见，这样的方法才是最好的解决办法。

我们如何让自己的不满意表达得更加高明呢？

首先，在表达对对方不满的时候，不要只说不满的话，不时地穿插一些夸奖对方的话，比如“在这项工作中，他的确是做出了很多的贡献”“他的性格还是不错的”，这样往往就更容易让人接受了。

其次，在说完这些不满意之话的时候，不要让自己表现得像在对对方进行人身攻击，最后的时候，加上几句圆和的话，比如“这样的错误，人人都是

会犯的，我以前也曾犯过这样的错误”“这里面不仅仅是他的责任，我也是难辞其咎的”，这样的话，倾听者就会同情我们，也不会认为我们是在进行人身攻击了。

另外说不满意的话，应该分清时候，在自己酒醉的时候，最好不要说这些话题，在酒精的作用下，很多话都不会过脑子，而且加上酒桌上的气氛，很可能会说出对自己、对对方不利的话来，所以在这种时候，尽量不要说对方的坏话。

不管在什么场合下，结尾的时候都要加上几句好听的话，一来是为了给自己找个台阶下，二来，因为这种话的结尾，所有倾听者可能都会一笑而过，不会去拿它大做文章。比如，可以说，“谢谢大家这么耐心地听我发牢骚，我算是吐痛快了，大家别往心里去啊，我也没什么恶意，改天再好好和大家喝酒。”

只要掌握了这些说不满话的技巧，就算自己心中有再大的不满，也能平和地倾吐出去；就算是传到让自己不满的那个人的耳朵里，自己也不会没有面子，说不定，因为自己的这些话，对方还会和我们冰释前嫌呢。

做事之前多思考，切勿因鲁莽而后悔

年轻人血气方刚，做事容易感情冲动，很容易做出一些鲁莽的举动。做事之前没有考虑清楚，最终酿成的果子往往是难以下咽的。

古人很早就告诫我们说“凡事要三思而后行”，因为人一旦做成某件事，就像是泼出去的水，有去无回，让人没有后悔的余地。虽然我们很多人在进入社会之前，都接受了很多文化知识上的教育，有很高的智商，但高智商不代表会做事，如果仅仅凭借自己的感觉去做事，我们总会有后悔的一天。

我们很容易在发怒或者生气的时候，做出错误的决定，因为此时的自己根本就无法冷静下来，全面清楚的考虑自己所面对的问题，于是很容易感情用事。如果不仔细思考，不冷静全面的分析问题，就会让自己顾此失彼，分不清做事的主次顺序，甚至是让当前的鲁莽遮挡住自己的眼睛，这样造成的结果往往是很难弥补的，结果往往是既伤害了自己，也伤害了别人，同时也破坏了自己在别人心中的形象，影响到自己以后的声誉。如果我们不知道从中吸取教训，同样的悲剧在以后还会上演。

从前，印度有一个名叫善化的婆罗门，他家境贫穷，经常是以乞讨为生，虽然他结婚多年，但是始终膝下无子。善化家里养了只那具罗虫，有一天这个罗虫生了只小那具罗虫，夫妻两个非常高兴，就将这只小虫当成是自己的孩子一样看待，两个人对它非常疼爱，而小虫也将善化当成是自己的父亲。后来善化的妻子怀孕了，并为善化生了个儿子，善化心想，这小罗虫就是自己的福星啊，为自己带来了儿子，于是对它更加疼爱，虽然自己已经有儿子了，但是对罗虫的爱始终没有改变过。有一天善化要出门办点事，就嘱咐自己的妻子，出门的时候，一定要带着儿子，善化嘱咐完妻子后才出门。妻子喂饱儿子后，突然想起要到邻居家一趟，于是就自己出了门，没有带儿子。这时一条大蟒蛇因为闻到了孩子身上的奶香味，慢慢地爬过来，小罗虫看见这条蛇要欺负自己的弟弟，于是就奋不顾身地上前和这条蛇纠缠在一起，终于大蟒蛇被小罗虫给撕碎了，小罗虫心想，自己保护了弟弟，杀死了大蟒蛇，父亲肯定非常高兴，于是就在门口等父亲回来。善化回来看见妻子一个人在邻居家门口，就匆匆回家准备看儿子的安危，刚到门口，就看见满身血迹的小罗虫，心想，儿子肯定是让它给吃了，于是不分三七二十一就用棍棒将小罗虫给打死了。等他回到屋里的时候，看见儿子正好好地躺在床上睡觉，而地上就是那个大蟒蛇的尸体，善化才知道自己冤枉小罗虫了，但是小罗虫已经死了，善化为自己的鲁莽懊悔不已。

就是因为善化的鲁莽，使小罗虫死在了自己最爱的人的手中。生活中同样会有很多人像善化一样鲁莽。现在青少年犯罪的概率越来越高，很多

人之所以会犯罪，往往就是因为自己一时怒上心头，不知道分析后果，欠缺思考，鲁莽行事，最后才走上了犯罪的道路。

刚过完18岁的年轻人，做事很容易欠考虑，甚至很多时候，会意气用事，结果很容易得罪人，甚至是让自己走上犯罪的道路。电视上关于年轻人犯罪的报道，应该让刚成人的年轻人引以为戒，千万不要再上演类似的悲剧。

要想让自己做事不鲁莽，在做事之前，可以多和别人讨论一下，可以和自己的朋友多商量，可以向父母、老师征求意见，也可以向社会上的一些专业人士询问意见，这些都是有效的途径，可以让我们少犯些鲁莽的错误。对我们来说，还应该多学习文化知识，提高自己的理论和文化修养，多读些书，多看些社会报道，对于自己的成长也是大有益处的，从别人的身上得出的教训，可以作为反省自己的一面镜子，时时提醒着自己。

做切合实际的事，别狂妄自大

大多年轻人在踏上社会之前，基本上都是在学校里度过的，所以，很多时候，经常会有些脱离实际的想法。要想让我们的想法更加切合实际，就应该多在社会上历练。

我们应该学会让自己适应社会，社会毕竟不是学校，有很多地方和学校不同。每个人在社会上行走，不管是为了什么样的目标，最终都是为了实现自身的价值。我们要想让自己在社会上能够有所建树，首先应该为自己定下一个切合实际的目标。很多年轻人之所以会犯盲目自大的毛病，就是因为没有找准自己的定位，没有给自己定下一个切合实际的目标。总是好高骛远，总是眼高手低，所以，容易出现高不成、低不就的尴尬场面。

很多年轻人在进入社会后，往往因为不熟悉社会规则，处处碰壁，之所以会出现这样的情况，就是因为我们总把事情想得太过完美，将自己的实力太过高估。所以，为了不让自己在进入社会后，出现与社会的脱节，我们在平时的时候，应该多接触这方面的信息，比如关于就业方面的信息，就业的渠道、就业的难易等信息，这些信息往往会为我们以后的择业提供好的指导方向，为我们设定切合实际的目标提供坚实的基础。

我们要想让自己以后做事切合实际，不仅仅需要设定切合实际的目标，还应该给自己一个准确的定位，这种定位可以是对自己的评价，可以是从父母、老师那里得出的评价，也可以是从朋友那里获得的定位。像这样的定位能够很好的让我们获悉自己的价值，了解自己在社会上的处境。如果自己无法对自己做出准确的定位，可以看看自己身边的好友。看看好友从事的是什么样的工作，看看好友的定位是什么样的，通过分析比较往往也能得出自己是什么样的定位。

我们中的很多人，在进入社会后，往往会经历一段时间的适应期，因为自己不适应社会规则，因为不懂得和别人打交道，因为不懂得人情世故，所以自己在社会上的行走举步维艰。

美好的梦想要想实现，首先应该确保自己这个美好的梦想有实现的基础，是自己付出努力之后就可以实现的。很多人经常将自己的目标定得很高，再加上自己在社会上的处处碰壁，就会让自己变得力不从心，甚至因此而变得堕落，变得消极，这就是因为没有看清现实和梦想的差距。

社会和学校是不同的两个环境，从学校进入社会，毋庸置疑会有很大落差，这是很正常的。我们能做的是接受这个落差，不断通过努力减少这之间的落差。因为环境不可能会因为我们的存在而改变，只可能是我们适应环境，不是环境适应我们。

年轻人经常犯的一个通病是，好高骛远、眼高手低。这对自己未来的发展是不利的。任何事情的成功，都不是靠想就能想出来的，而是靠做出来的。任何事情都是一步步做出来的，正如海之所以浩瀚，就是因为它不择细流。我们要想成就一番事业，也要从一步步的打基础开始，一步步的做起，

才能让自己的目标更切合实际；一步步的做起，才能知道自己的真正实力。

我们在进入社会后，应该做的就是让自己逐步成熟起来，让自己的学生气逐渐淡去，让自己的梦想更现实，让自己的进步更明显。只有做个切合实际的人，才能真正做出一番成就；只有做个不盲目自大的人，才能知道自己未来的方向。

我们要想让自己在未来走得更顺利、更精彩，就应该在进入社会的时候，先看清实际，结合实际，不盲目自大，只有这样做，自己的未来才不会一片茫然。

中篇

20 岁后应该熟稔的社交智慧

第六章 20岁后做人低调做事高调

——学点平步青云的社交智慧

年轻人要想让自己的人生之路更加顺畅，要想让自己的步伐更加稳健，就得知道一些人生的准则，知道如何在激烈的竞争中躲避纷争，知道如何在职场上保护自己，知道如何让自己的工作越来越好，知道如何让自己的事业更加辉煌。这些都是人生的经验之谈，刚刚进入社会的我们如何让自己更好地掌握这些人生哲理，让自己的人生更加美好呢?读完这章，希望我们每个人都能成为人生路上的佼佼者。

做人低调些，人生之路走得稳当些

18 岁以后的年轻人，就是一个真正意义上的成年人了，很多年轻人虽然在年龄上已算是成年人，思维的方式却一直还是不成熟的，时时都让自己表现得很高调。这样的做人方式是会害了自己的。

古人说得好："枪打出头鸟，出头椽子先烂。"这里面含有很朴实的人生哲理，一个人要想在社会上风平浪静地生活，要想让自己的生活少些是非，首先应该具有的做人准则就是低调做人。

很多年轻人心高气傲，自以为自己学识高，自己创意多，总认为自己是最优秀的。这种高调做人的方式无非就是想通过展示自己而成为别人眼中的焦点，让自己成为别人追捧的对象，但是结果却往往适得其反。不仅没有人会喜欢他，相反更多人对他的态度往往是爱理不理，甚至是唯恐避之不及，有些人直接将不满写在脸上。因为他的高调，将其他人无形之中都贬低了。在职场上其效果更甚，尤其牵扯到领导，那就严重了，如果我们表现的比领导还英明，那自己以后的日子可就真不好过了。就像三国时期的杨修，因为时时表现的比曹操聪明，让曹操心生嫉妒，最后曹操终于找了个借口将其杀了。如果杨修做人不那样高调，也许就不会英年早逝。

做人要低调，低调是一种人生忍术，忍让对自己有害的事情，忍让对自己有攻击性的人，这不是怯懦，不是退缩，而是为了更好地生存，为了更好地发展，为了自己有更长远的进步。只要自己学会低调，很多事很多纠纷就会主动远离自己而去。

低调的人不会让自己主动去争取那些不属于自己的东西，不会处处彰显自己，不会为了表现自己而让自己成为大众眼中的可恶的敌人。低调的

人往往是多思考,少表现;多行动,少空谈;多安静,少议论。在他们眼中自己的实力怎样,只要自己明了就可以,不用非得处处显摆,只要自己每天都进步,就算别人不知道那又怎样。

做人高调,就会时时处处想和别人一决高下,就会经常去挑衅别人的忍耐力和承受力,目的只有一个,证明自己比对方强。很多人就是抱着这样的想法,为了让自己能够得到别人的认可,不惜整天和别人比赛竞争。为了让自己出风头,可以抢别人的风头。每天让自己像只战斗的公鸡一样,看见别人比自己强,就受不了,一定要击败对方。这样的人是不会有朋友的,因为他的眼中只有自己,所以当他遇到困难的时候,没有人愿意帮助他,人们甚至会因为他的败走麦城而拍手称快。

作为 18 岁以后的年轻人,很多都喜欢争强好胜,因为年轻,因为自负,不懂得如何去低调做人,甚至认为这样的人生实在是太窝囊。这种态度是错误的,谁说只有高调做人的人生才是辉煌的人生?

高调做人,会让自己看不到合作,不懂得团结,甚至不懂得如何收敛自己的个性。处处张扬个性,受伤害的往往是我们身边的人。低调做人,就不会让我们有这些困惑,将自己的真实实力隐藏起来,一来可以迷惑敌人,二来可以让自己厚积薄发。因为低调,所以没有人会将我们作为焦点,我们因此可以少很多是非,这在职场是很难得的,只有这样我们才能好好工作,也只有这样,我们在生活中才能少树敌,多交友。

低调做人的人生准则,可以让我们更有精力去做自己想做之事,可以让我们的人生更加风平浪静,可以让我们更有信心去创造自己的未来。

低调的人生智慧,希望每个年轻人都能习得。

做事高调，生命才能尽情绽放光彩

18岁以后的年轻人仅懂得低调做人是不够的，还应该知道的是要高调做事。做人要低调是为了更好地保护自己，而高调做事则是为了更好地成就自己。

一个做事高调的人，往往不会因为工作的琐碎而心烦，不会因为工作的忙碌而心焦，对待每项工作都会兢兢业业、恪尽职守。对年轻人来说，要想让自己的工作和事业一帆风顺，首先应该具有正确的工作观，那就是应该高调做事。

18岁以后的年轻人即将踏上社会，进入职场，高调做事让我们以一种严格的标准来要求自己，对待任何工作都应该有耐心、有毅力、奋发向上，坚信自己能够做好。工作的质量，往往反映一个人对工作的态度。

高调做事，是一种对工作的责任，是一种气魄，它反映出来的是我们的精益求精和执着追求。不管什么样的工作，我们始终都要以积极的态度来对待，始终都要以自信的状态将其做好，这种做事风格体现的不是张扬、不是张狂，而是脚踏实地将每件事情做好的毅力和坚韧，而这正是每一个成功人士都必须具备的。

不管是在日常的生活中，还是在竞争激烈的职场上，人们评价一个人能力的标准，不是看这个人会不会说，重在看这个人会不会做，一个说比做好的人，往往会被人评为眼高手低、好高骛远。而高调做事的人，会将每件事情都尽己可能地做好，那么，作为社会新手的年轻人要想让自己高调做事，应该具备哪些素质呢？

首先，应该具有的就是尽职尽责的心态。不管是做什么事，清楚自己的职责权限，在自己职责范围内的事情，应该尽自己最大可能做好。如果因为自己的失误出了问题，应该敢于承担责任，而不是将其推给其他无辜的人，让别人替自己背黑锅。

其次，做事要全心全意，不能三心二意、朝三暮四。对待任何一件事情，都应该有始有终，不能虎头蛇尾。一个良好的开始，人人都会，一个美好的结局，未必人人都能做到。事情的成功结束，往往也是对我们的一种挑战，尤其当这件事是自己能力范围之外的事情时。所以很多人习惯中途放弃，只有那些坚持到最后的人才是真正尽职尽责做完这件事的人。

再次，脚踏实地地做好每件事。任何事业的成功都是因为脚踏实地而成就的，一个浮躁的人，不会让自己沉着应战，一个满眼都是功利的人，不会让自己耐心坚持下来，任何事情的成功都不是一蹴而就的。只有脚踏实地，才能让自己放下一切心灵的束缚，坚持不懈地做成每件事。

对于刚成年的我们来说，每个人都很希望自己能够尽快的做出一番事业，于是我们经常做的一件事就是跳槽。尤其是当看到自己在公司的待遇或能力得不到提高时，更希望自己能够跳到一家更好的公司。但是我们更应该知道的是，跳槽也是有条件的，不是任何一个人都可以在跳槽中实现自我价值的飞跃。跳槽的首要基础是自己应该有资本跳，也就是我们应该有个好的基础，假如自己的条件不够，就算是有跳槽的心，但是未必就会找到一家比自己原来公司还要好的公司。我们要想让自己的工作能体现出自己的价值，就不应该将眼睛仅仅盯在薪水和待遇上，一个只关心自己待遇的人，是不会全心全意工作的。

年轻人还应该知道的是，自己要想成就一番事业，首先应该成就自己，增强掌控自己命运的能力。学会在做事中控制自己的感情，不让自己感情用事，让自己变得更加理智、更加耐心、更加坚持。任何成功的背后无一不是枯燥乏味甚至是困难重重，作为年轻人，应该具有踏实肯干的实干精神，只有具备了这些，我们离成功才会越来越近。

修炼自己为低调人，保护自己避免纷争

作为18岁以后的年轻人，刚刚进入社会，要想以后的发展更顺利，要想以后的人生之路更坦荡，应该做的是少为自己树敌，在低调中练就自己。

人们在社会上生存，会和各种各样的人打交道，有些交道直接关系到自己的切身利益，因此会起很多纷争，这一现象在职场上演的频率非常高。如果刚刚进入社会，就让自己卷入职场的利益纷争中，这对年轻人以后的发展是非常不利的。

自己尚未站稳脚跟，就因为自己的不明事理卷入了其他同事的纷争中，不管最后的结果如何，都会让自己有所损失，领导知道了这件事，会觉得你是个唯恐天下不乱的好战分子，其他的同事会认为你不适合交往，因为没有自己的主见。年轻人还没有熟悉职场上的一切，就已经因为各种纷争为自己树立了一大批的敌人，试想一下，以后的职业生涯能顺利吗?

只要迈入了成年人的门槛，就应该用成年人的思维和处世方式来要求自己。生活不是过家家，不是玩游戏，参与一场纷争，得罪的人可能一辈子都无法挽回。生活是残酷的，如果年轻人在进入职场后，因为自己的意气用事参与了同事之间的纷争，得到的结果不仅是失去了领导对自己的赏识和信任，严重的甚至会丢掉自己的工作。

我们应该告诫自己的是，不仅不能参与纷争，也不能人为地制造纷争，一个在生活中处处为自己树敌的人，不是别人的错误，而是他自己的错误。因为他不知道如何与别人更好地相处，这样最终吃亏的还是他自己，因为和他接触过的人没有一个人愿意支持他。尤其是血气方刚的年轻人，社会经验不足，人生经历太少，所以经常喜欢在别人面前显示我们的才华，彰显我

们的才能,总希望这些才华和才能能让我们在职场上、在社会上崭露头角。殊不知,这样一来,就是在变相地说别人不行,在高抬自己的同时也在贬低着别人,对方当然不会当即表示出来,而是在以后生活的点滴中,将对我们的不满不断发泄出来。

年轻人要想修炼自己,应该学会在生活中保持低调。因为低调,所以职场的利益纷争中,不会有我们的影子;社会上的利益纷争中,看不见我们的参与。我们不能将自己的精力放在这些无谓而伤神的争斗中。

低调的人处处好人缘,因为不会与别人为敌;低调的人时时好心情,因为会自我排遣。不为职场上的尔虞我诈而费心,不为人与人之间的勾心斗角而忧虑,所以,我们的心境始终是平和自然的。在这份平和的心情下,我们就会更有精力去钻研工作,去创造实实在在的利益。

对年轻人来说,经验太少,又总是想争强好胜,所以很多人体会不到低调为我们带来的好处,只有当自己在职场处处碰壁之后,才能真正体会到低调的真谛。

低调不是消极的人生观念,不是让我们做个现代的隐士,而是让我们在物欲横流的社会中,成就自己。芸芸众生,几个能真正做到低调?因为大多人的眼中只有自己的利益,因此看不见利益之间的盘综错节,看不见利益之间的种种牵制,所以,为了利益,人们大打出手、相互诋毁。

为了让自己少些职场上的纷争,对于刚进入社会的年轻人来说,更要小心谨慎,一旦惹上纷争,就逃脱不了干系,承担不可避免的后果。我们要想让自己在职场上有所成就,就一定要避免纷争,低调做人。

过于张扬狂妄容易导致处处碰壁

年轻人因为年龄尚小,所以不知道内敛;因为涉世未深,所以不知道如何低调。年轻人更喜欢的是处世张扬,做人高调,殊不知,这样的人生态度,会让我们经受更多的风雨。

很多年轻人在进入社会以后,不愿意委曲求全,不愿意收敛个性,让自己率性而为,结果在生活中处处碰壁。直到在社会上历练一段时间后,我们才发现做人不能太张扬。作为已经成年的我们来说,别人的教训就是自己的经验,别人的经验就是自己的知识。要从经验教训中得出自己的人生哲理,让自己在未来少碰壁,少走点人生的弯路。

我们如果太过张扬,就会让自己不断脱离正常的人生轨道,不懂得如何社交,不懂得如何发展,不懂得如何处世。太过张扬的年轻人会犯一个致命的错误,由个性张扬变为个性张狂,并因此看不起身边的每个人,开始变得浮躁、变得轻狂,渐渐的,几乎所有周围的人都会被这张狂得罪,我们的生活也会开始变得艰难。为了不出现这样的情况,作为社会新手的我们,在意识到张扬的危害后,应学会如何适当的张扬个性,不让未来毁灭在过分的张扬中。

因为过分张扬而丢掉性命的例子,在历史上比比皆是,西汉时期的韩信就是一个因为张扬个性而丧生的典型例子。

汉高祖问大将韩信:“你看我能带多少兵?”韩信斜了一眼说道:“你顶多带十万兵。”汉高祖有三分不悦,于是又问道:“你能带多少兵?”韩信傲气十足地说道:“我当然是多多益善啦。”汉高祖听到这里,心里又添三分不悦,于是就说到:“将军既然有如此大才,现在有个小小的问题想向将军请教,想必将军回答起来,应该不费吹灰之力。”韩信很傲慢地说道:“可以可以。”于是韩信传令叫来一小队士兵,汉高祖发令,让他们三人一排,小组队长报道最后一排是两人,让他们五人一排,最后一排是三人,让他们七人一排,最后一排是两人,于是汉高祖问韩信一共是多少人,韩信自信地说道是二十三人,汉高祖心中大惊,心想:这个人本事太大,我得想办法把他除去,以防后患。后来汉高祖终于想办法将韩信给杀掉了。

要不是太过张扬,韩信可能不会成为汉高祖的眼中钉,也可能不会被除去。在今天的社会上,太过张扬,同样会让人备受风雨的摧残。

在社会上生活的年轻人,张扬自己的个性,是可以的,但是不能太过张扬,以致张狂。过分的程度不好揣摩,为了不让自己吃张扬的苦头,我们可以学会低调,低调这种做人的大智慧,可以让我们更好地适应社会,适应职场。低调是一种难得的人生态度,它比高调更吸引人的注意力,一个为人高调的人,可能会让人无限反感,因为他的目中无人,因为他的自鸣得意。低调的人生态度,是知识、能力以及经年的阅历在人身上的积淀,它让人更有涵养,更能忍让,更加儒雅。

不管我们的能力多强、学历多高、背景多深,要想有成就,就不能让自己刚进入社会,就先学会张扬。后飞的鸟儿未必就不能飞上高空,不出头的椽子才能存活更长时间。

思想再高调,行为也要低调一点

18岁以后的年轻人在进入社会以后,要想让自己更好地在社会上立足,要想在职场上更好地生存和发展,就应该低调做人。如果想让自己做出一番成就,就应该让自己思想高调。所以,对我们来说,应秉持的最好的处世观点就是:思想高调,表现低调。

思想是一个人做事的原动力和出发点,没有思想的指导,任何事情都不会成功,思想是一切行动的指南。我们要想让自己的未来更精彩,就应该先有个高调的思想。不过思想上的高调,并不意味着表现上同样高调,要想做成一件事,浮躁、急功近利的行为是不行的,必须要沉下心来踏踏实实地做,才能成功。

所以,我们要想让自己以后的事业能够成功,要想让自己的工作越做越好,一定要用高调的思想来要求自己。在别人意气消沉的时候,依然沉着应战;在别人精神疲惫的时候,依然精神百倍地迎接挑战;在别人胆怯退缩的时候,依然能够顽强抗战,这样的工作态度,如何会不成功?

作为刚进入社会的青年人来说,要想具有高调的思想应该具备哪些心理特质呢?

(1)为自己定下一个目标,给自己一个拼搏向上的希望,这是自己高调做事的原动力,也是自己不放弃的最后理由。

(2)保持积极向上的激情:既然自己的目标已经定下来,那接下来的事情就是全力以赴的去完成,不管路上遇到多大的挫折,自己的激情不能丢,只有这样自己才能达到成功的彼岸。

(3)自信的神情:没有自信,我们不会持之以恒的奋斗下去,至少不会坚持到自己胜利的那天,只有首先自己充满信心,别人才会相信你。也只有自信,我们才会迸发出无穷的热情和动力,让自己时时充满战斗力,让自己不断地奋勇向前。

(4)坚韧不拔的意志:任何事情的成功,都不是随随便便的,任何成就的取得,也不是轻而易举的,要想成功,往往需要一个长久的过程。很多人经不起时间的考验,放弃了,年轻人要想让自己成功,就应该有坚韧的毅力,让自己毫不动摇。

(5)乐观的心态和永远的好心情:要想成功,一味的苦干是不行的,自己还没有成功,就已经忧郁成疾,不要说成功了,自己的身体都没有了,拿什么去成功？有个好心情，时时保持乐观，成功之路漫漫，适时的为自己进行心理上的调节，乐观的开导自己，成功终会到来。

(6)用心做事，尽职尽责：不管做什么事情，年轻人要想将其做好，首先要倾注自己的真心，只有用心做事，才不会让自己敷衍了事，错误百出。必须尽职尽责，这是做任何工作都需要的，做好自己职责之内的工作，既是对工作的负责，也是自己的义务。

当我们在思想上具备了这些高调的心理之后，就会更好地用这种思想来要求自己，让自己追求卓越。同时，我们还应该让自己表现得更加低调，避免成为别人的攻击的对象，避免成为别人眼中那个目空一切、自大轻敌的人。

作为年轻人来说，要想让自己的未来更加精彩，首先要让自己有个高调的思想，用这种思想来要求自己，才会让自己不断进取。而在行动上低调，才会让自己更能平心静气地走好每一步。

不要因为工作琐碎而减少热情

很多年轻人都希望自己能够一鸣惊人地做成一件大事，让自己名利双收，很多人一直在做着这样的梦，期待某天会发生一件大事成就自己。这样的想法在生活中是行不通的，在工作中，更是不可能的。因为工作往往都是由那些细小琐碎的事情所组成。

每项事业的成功，都是由热情作为基础的。小事的成功同样需要热情。一个整天厌烦工作的人，一个整天不屑于做小事的人，又怎么会倾注热情在细小的工作上呢？

所以，年轻人要对细小琐碎的工作同样投入高昂的热情，应该知道，细小的工作，起的作用却不小。

一个在细小工作上投入高昂热情的人，才具备做大事的条件。热情要贯穿在做事的始终，没有热情，再小的工作也做不好；没有热情，再简单的事情都完不成。工作虽小，但是它同样需要做事者的用心和关注。没有热情，只有讨厌，只有反感，这样的心态，就是举手之劳的小事，可能都会搞砸，又怎么可能会尽心尽力地去做好它呢？作为刚步入职场的年轻人来说，自己要想终有所成，那么对待细小的工作也应该投入自己高昂的热情。

职场上那些成功的优秀员工，不是因为他们做出了多么难多么大的事情，他们做的事情和别人都是相似的，平凡而琐碎，细小而费神，为什么他们能够在众多的员工中脱颖而出，而其他人就不行呢？原因就是他们能够热情高涨地做好每个细小工作，能够在细小的工作中成就自己。

把细小工作不放在眼中的人，往往是对工作不认真的人，他们对工作的态度往往是敷衍了事，他们对自己的要求往往是“差不多”“还可以”，因为不屑于做小事，所以他们不知道细小工作往往能反映一个人对工作的态度。成功之人，往往就是从细节中成就自己的，不管是多么细小的工作他们总是全心全意的将其做好，再细小的工作，他们同样用心，能做到百分之百，就不做百分之九十九。就是因为这样的态度，所以，他们最终才能成就一项项大事业。

当阿基波特还是标准石油公司的一个小职员时，他每次出差住旅馆时，在自己签名的下方总是写上“每桶石油 4 美元”的字样，就连平时写收据和书信时也不例外，只要签自己的名字，他总要写上这几个字。因此同事们给他起了个外号“每桶 4 美元”。渐渐地，人们甚至忘掉了他真正的名字。这件事传到董事长洛克菲勒的耳中，他非常惊奇，心想：有如此努力宣传公司名誉的员工，一定要见见他。于是洛克菲勒诚邀阿基波特一起共进晚餐。后来，在洛克菲勒去世后，阿基波特成了石油公司的第二董事。

在名字的下方写上“每桶 4 美元”是一件小事，而且也不在阿基波特的工作范围之内，但是阿基波特却将这件小事做到了极致，正是因为他的用心，他得到了洛克菲勒的赏识和重用。比阿基波特能力强的人肯定很多，比他更有学识的人肯定也有，但是在众多的员工中，只有他成了董事。

细小的工作看似简单而琐碎，但是最关键的是它反映的是一个人的耐心和品德，彰显的是一个人的整体素质。作为刚入职场的年轻人，应该如何做，才能让自己有更多的热情投入到细小工作上呢？

首先，对每项工作都不要轻视，不要产生敷衍了事的心理，在接到工作时，应该从心里告诉自己：不要小看这个细小工作，如果做不好，坏了自己的名誉是小事，影响整个工作却是大事，所以，我们一定要高质量地做好每项工作。

其次，踏实的做好每个细节。再细小的任务也要认真对待，脚踏实地的完成每个做事的细节，一丝不苟的做好整个工作。不要以为自己的敷衍了事，别人不会知道；也不要以为自己的认真工作，别人视若无睹，尤其是自己的上司。我们的工作态度都会从细节中向别人透露出来，是得到老板的赏识，还是得到老板的讨厌，主动权完全掌握在自己的手里。

作为刚成人的年轻人应该有这样的意识，工作是没有小事的，不能因为工作的细小琐碎，就让自己从心里厌恶它们，甚至认为正是因为它们，耽误了自己做大事。这些观点都是错误的，小事做好了，大事不一定能做好，但是如果小事都做不好，大事肯定做不好。

因为热情，所以态度认真；因为态度认真，所以追求精益求精。愿我们每个年轻人都能在小事中成就自己。

成功的智慧就是想要好事先做好人

一个人不管多聪明，背景有多好，实力、能力有多强，如果不会做人，他的事业也不会成功。古人曾一直告诫我们的，就是做人为先。意思就是只有先学会做人的人，才能学会做事。做人是做事的基础，做事是做人的体现。

一个人会不会做人，直接反映到他会不会做事上，一个人做事的水平，直接反映出这个人做人的水平。一个人再有能力，再有实力，如果他将自己的聪明才智用到不法的赚钱目的上，总有一天，他会自毁前程。如果一个人会做人，就算自己的起点低，但是在经过风风雨雨的洗礼后，他终会做出一番成就。

很多人可能很疑惑，怎样做人才算是真正做人？会做人的标准是看这个人是不是具有很多美德，就像会做事一样，会做事的标准往往是干干净净做事。做事的好坏和水平，直接反映出这个人是不是有道德、是不是有诚信。综观一下所有成功人士的经历，我们会发现，这些成功人士往往都有很多相似的地方，做人非常谨慎，为人谦虚低调，不喜欢张扬。他们做事的时候，同时彰显出的就是对待任何事情都谨慎小心，做事态度严谨，就是因为会做人，他们做事才能够成功。

做人是做事的基础，要想让自己今后在社会上能够做事成功，首先应该做的就是先会做人，要想会做人，就应该多从以下几个方面努力。

多动脑筋，让自己想得更全面：不管是做人还是做事，都是人们思想的直接反应，一个考虑不周全的人，很容易顾此失彼，分不清轻重。要想不犯这样的错误，最有效的办法是让自己遇事多考虑，做事做周全。凡事考虑周全了，自然就会少很多的麻烦。

说话好听点，让别人更容易接受：一个会做人的人，他的人缘肯定特别好，这是因为他知道如何说话，他不会因为自己的身份和地位，说些让别人难以接受的话，或者是说些让对方下不来台的话，这样的人不会有人愿意和他交往的。所以我们要想做事更顺利，就应该知道如何和别人更好的交流。不好听的话就委婉点说，或者是不说；很难让对方接受的话，最好不说，不要只为了图一时的口快，为自己惹下很多事端。

大度一点，让眼光变得长远一点：很多人之所以不会做人是因为他总是斤斤计较自己的利害得失，看不见他人的利益被侵犯，总是为了一点鸡毛蒜皮的小事和别人吵得不可开交，就是因为这样，所以没有人喜欢和他们交往，没有人喜欢找他们做事。将眼光放得长远一点，不要盯在眼前的蝇头微利上，看得见长远的人，才是有未来的人，一个总是被眼前利益绊住脚跟的人，是一个没有前途的人。

让自己变得脾气好一点，说话柔和一点：很多人做事不成功，往往不是因为他没有成功的实力，不是因为他不知道成功的条件，仅仅是因为他的脾气太坏，说话太冲，没有人喜欢和他共事，很多人总是在经受了他雷霆般的脾气爆发后选择离去。所以，我们在和别人交往的时候，也应该让自己的脾气变得好一点，说话柔和一点，只有这样，才有人愿意接受我们。

我们要想在社会上有所成就，就应该知道，做事的成功，往往不仅仅是考验一个人的实力，更是考验一个人会不会做人，只有我们做人成功，做事才会成功。

第七章 20岁后大智若愚会装糊涂

——学点明哲保身的社交心计

人与人之间的交往很复杂，要想更好地处世，就应该知道人情世故。有些事情，知道太多、懂得太多，只会为自己添麻烦，适当糊涂一下，不仅可以更好地保护别人的隐私，也能更好地让自己远离祸端。18岁以后的年轻人，因为在社会上和人打交道的经历还不是很多，因此为了让自己少惹火上身，更好地和身边的人相处，首先应该学会的就是“糊涂”的学问。

别耍小聪明，适当糊涂才可明哲保身

对于刚过18岁的年轻人来说，要想在社会上更好地立足和发展，凭借自己的小聪明是不行的，太过聪明往往会给自己树立很多敌人。年轻人要想在社会上更好地生存和发展，应该懂得糊涂学。

年轻人刚刚进入社会，很多事情自己还没有经验，比如如何与同事更好共事，如何与领导更好相处，如何在职场上更好生存，如何更好的处理身边的人际关系，这些经验都是需要时间才能成就的。很多年轻人在进入社会以后，耍起了自己的小聪明、小伎俩，以为别人是不会发现的，事实真的如此吗？

耍小聪明的确可以使人占得很多小便宜，上班的时候迟到一点，下班的时候早退一点，有便宜占的时候，多占一点……但是年轻人如果一心想着自己一点一丝的小利益，耍尽自己的小聪明来占得它，这样的做事方法对年轻人以后的发展是不利的，耍一两次小聪明别人可能不会在意，但是次数一多，人们就知道这是个不能共事的人，因为太自私，太过斤斤计较，像这种狭隘的性格，又怎么可能是做大事之人呢？

会耍小聪明，看到的只是切实的利益，看不见的是未来，生活中老是耍小聪明的人往往会为自己招来祸患，因为很多人会将他视为敌人，不断地攻击他，就算他陷入困境，也没有人愿意出手相助，所有的人都想看他的笑话，因为别人早就反感他的小聪明。年轻人要想在生活中更好的保护自己，就应该学会装糊涂的处世哲学。

很多智者知道有些事太过清楚往往会害人害己，适时的装糊涂往往会风平浪静。很多人会耍小聪明，但不是人人都会装糊涂，就像郑板桥当时说

得那样:“聪明难,糊涂尤难,由聪明转入糊涂更难。”所以做人应该学会装糊涂。古人很久以前就知道人们立身处世,应该学会糊涂的人生哲学,就像智者虽然博学多识,但是总是让自己表现得很平庸。

学会装糊涂,是一种经历了人生坎坷和磨难后的经验总结;学会装糊涂,就不会被眼前的蝇头小利而诱惑;学会装糊涂,就能看淡生活中的很多伎俩,不让自己陷入是非中;学会装糊涂,会看开很多无谓的欲望,让自己的生活更加清静平和。

年轻人刚刚进入社会,首先应该做的是让自己在社会先站稳脚跟,先为自己树立个好形象,对于很多的是非,最好不要去掺和,对于很多小便宜最好不要耍小聪明地将其得到,不要以为周围的人都是傻子。有些时候,人们甚至会用这种方法来考验一个新手,小事折射出的往往是这个人的本性,反映出的是这个人的道德水平。

让年轻人学会装糊涂,不是真糊涂,很多事情,心里清楚即可,如果太过算计,往往会给自己树很多敌人,而让自己装糊涂,才是真正的人生大智慧。

年轻人要想让自己更好的习得这一人生智慧,应该如何做呢?

对一些小事不要太计较,对别人的小过失不要揪住不放,学会尊重别人,不要因为一时的口舌之快,和别人做意气之争,得饶人处且饶人,就算是自己有理也可以让人三分。

年轻人身上最大的缺点就是喜欢意气用事,感情容易冲动,对于一些事比较喜欢较劲,而这些往往会束缚住年轻人。很多事没有绝对的错与对,让自己太聪明反而会害了自己,糊涂一点,也许收获的会更多。

懂点明知故问的糊涂智慧

人生在世,就怕不懂装懂。人太过聪明了,往往会让自己陷入举步维艰的境地,因为时时让自己表现得比别人聪明,大家就会视他为共同的敌人。在某些社交场合,最难得的就是装糊涂的明知故问,因为装糊涂,可能就会模糊他人的视听,让别人看不到这个人的真实实力,让别人觉得这个人平易近人,是一个值得结交的朋友。

年轻人刚刚进入社会,很多事情是自己不熟悉的,对于如何与人相处,自己也是没有经验的,在和别人打交道的时候,如何做才能更加唤起别人对自己的好感,是年轻人首先应该知道的处世规则。

我们要想让接触的人尽早地接纳自己,就应该学会装糊涂的哲学,学会明知故问。自己明明知道这件事,但表现的很糊涂,向别人请教,这样一来就会给别人表现的机会,对方肯定会因此而认为我们对他们不构成威胁,于是也不会将我们视为敌人来对待了,双方的关系自然就会更融洽更好相处。

所以,我们应该在生活中学会明知故问的糊涂学,只有这样,自己才会在生活中少树敌,多交友。刚步入社会的年轻人,经常会觉得自己的学识和能力都在别人以上,认为完全不用和别人打交道,这种观点对年轻人以后的发展是不利的。伟大的教育家孔子曾经说过:“三人行,必有我师。”对于职场上还仅仅是新人的我们来说,要想让其他同事能尽早地接纳我们,就要虚心地向别人请教,即使这个问题可能是自己了解的。我们的虚心求教,不会让对方感到反感,相反别人会因为我们的求教,而认为我们是学习态度诚恳的人,同时,这种求教其实就是表示尊重,对方对我们的好感自然会增加。这样既可以让对方显示他自己的才华,也可以增进彼此之间的感情。

作为职场的新人，完全可以用这样的方式来增加别人对你的好感，以便尽快地让自己融入对方的圈子中。这种经验在一些成功人士身上经常上演。

当年，美国总统富兰克林，为了和一个反对他的人搞好关系，就是经常向这个人请教。其实很多东西，不是自己不知道，而是故意装作不知道。这个人看富兰克林的态度谦虚，于是也愿意给他解答，同时他还主动将一些贵重的书借给富兰克林，就这样，双方之间的感情越来越好，后来，这个人成了富兰克林志同道合的好友。

一个在生活中总是表现得很博学的人，未必就是一个有真才实学的人；一个表现得很无知的人，也未必就是一个没有学识的人。真正的智者，不会因为自己满腹学识，就让自己处处显摆，因为这样的做法本身就是无知。

作为刚进入职场的我们，即使自己的学识的确是比所接触的人要高，但是如果自己表现的志得意满、才高八斗，太过锋芒毕露，就很容易被大家排斥，这样想立足都成问题。

希望每个刚踏入社会的年轻人，都能用明知故问的糊涂学，为自己的职场生涯开个好头儿。

别试图事事明白，这样只会让你疲惫不堪

18 岁以后的年轻人，要想在社会上更好立足、更好发展，就应该学会一些处世原则。因为一旦步入社会，年轻人所要打交道的人就不是有限的某些人，而是无数的人，形形色色的人。遇到的事情，往往也是不一而足，各有差异。

很多年轻人，性情直爽，凡事喜欢追根究底，这种精神用在治学上非常

好，知其然更要知其所以然，不做只死记硬背的书呆子。但这种精神如果用在和人的相处中，却未必能收到好的效果，甚至还会让自己满身疲惫。正如古话所说："水至清则无鱼，人至察则无徒。"有些事，我们不是很明白，反倒不是坏事，甚至因此会让自己过得更轻松。

在某些事上糊涂一点，不是让我们没心没肺的接受一切，也不是让我们逆来顺受的接受一切，而是让我们活的更洒脱。刚入职场的我们，应该接受这样一种观点：大事别糊涂，小事别计较。有些无伤大碍的事情，自己不用太计较。职场上同事间的明争暗斗，只要不是很严重，自己可以完全无视它们的存在，只要自己是清白的，总有一天流言会不攻自破。朋友间的小小心计，只要不是关系到太多的利益，自己完全可以一笑了之。人至察则无徒，没有人是非常完美的，就算是自己的好友，自己也不能要求对方身上必须没有任何缺点，自己的身上尚且还有不少的缺点，那对方身上的缺点或者是对方犯的一些小错误，又何必非要条分缕析呢？爱人犯的小过错，只要不涉及原则性的问题，又有什么大不了的，找到一个自己爱的同时爱自己的人很不容易，只要对方的错误不会影响到双方的感情，什么样的坎过不去呢？

作为刚进入社会的我们，社会经验、和人打交道的常识还相当匮乏，有些事自己未必就一定非要知根知底，这样很容易伤害人和人之间的感情，因为事事明白，往往会伤及某些人的隐私。

聪明人在做事情的时候，总是会为自己留一手，也就是所谓的留后路。他们在和别人打交道的时候，秉持同样的观点："人情留一线，日后好相见。"凡事太过明白，往往会无形中得罪很多人。任何一个人在社会上生存发展，都需要有自己的人际关系，一旦让自己成为人际关系上的匕首，就相当于没有了未来，当生存都成了自己每天要面对的问题时，还有什么心思去求发展？

作为成人，我们已经不是小孩，不能轻易得罪人，不能轻易树敌，不能因为自己的不谙世事为自己带来麻烦。对于关系到自己前途大业的事情，自己一定要清楚，而对于那些琐碎的小事，则完全可以装糊涂，为自己少带来点是非。

会装糊涂的人更容易受到大家的欢迎

18岁以后的年轻人进入社会，要想以后能够有所建树，仅凭自己的力量是不够的，因为社会的分工越来越细，人们所从事的领域也是越来越细致，一件事情的成功，凭借一个人的力量实在是太微小了。所以，作为成人的我们，进入社会，应该学会多结交朋友。

人们交朋友的前提是，这个人应该是自己有好感的，甚至是让自己喜欢或欣赏的人，不会是自己产生反感的人，只有这样的人才有可能成为自己今后的好友。作为社会新手的我们，如何让别人喜欢和我们交朋友呢?

我们应该知道没有人喜欢和一个事事比自己聪明的人交往，因为对方的存在会让自己觉得自卑；人们也不喜欢和一个太过精明的人交朋友，因为这样的人心眼小，眼光狭隘，常常精于算计，和这样的人交往容易身心俱疲，因为得时时防着自己不被他算计。人们最喜欢和那些会装糊涂的人交往，因为他们知道如何讨得自己的喜欢和欣赏。

人们之所以喜欢和那些会装糊涂的人交往，有以下几个原因：

(1)会装糊涂的人，往往都是那些深知人生哲理的人，他们洞悉了人们之间的复杂关系，能在不同的人之间相互周旋、左右逢源，广开自己的交友之源。

(2)会装糊涂的人，往往是熟悉人们交友心理的一些人，不管他们是身居高位的当权者，还是家财万贯大富豪，或者是才华横溢、学富五车的大学者，他们有个共同的特点，在和别人交朋友时知道放低姿态，让自己装糊涂。将自己摆在和对方平等的地位上，这样对方才会更接受他。能屈能伸是君子的气度，心胸豁达是大人的雅量。睁只眼闭只眼，适时的装下糊涂，会让自己更受别人的欢迎。

(3)会装糊涂,就不会让自己太斤斤计较,不会太看重别人身上的缺点和错误。虽然看清了别人身上的缺点和错误,只要自己能接受,完全可以不用追究,这样,对方就会觉得这个人为人豁达,有谁不愿意和这样的人交朋友呢?

(4)因为会装糊涂,该听的就听得到,不该听的就会让它们自动滤过耳朵,不放在心上。而这些正是交朋友最需要的,有些小人经常喜欢拿朋友的隐私做文章,或者是将朋友当做自己成功路上的垫脚石,这样的朋友只能是一时的朋友,永生的敌人。而一个会装糊涂的人,是完全相反的另一种结果。

会装糊涂的人,才是真正拥有大智慧的人,因为他们熟悉人们交友的心理,深知人们共事的规则,就是因为这样,所以他们不会触犯到交友的雷区,所以他们的朋友会很多。作为年轻人来说,要想在社会上多交友,有效的方法就是让自己习得装糊涂的智慧。

要想让自己学会装糊涂,首先要学会的就是凡事不能太认真、不能太较劲。人们之间的关系很复杂,太认真就容易伤到别人的筋骨。所以做人糊涂一点,即使自己吃了亏,受了委屈,但为了顾全大局,这也是值得的,尤其是当对方是自己很想交的朋友时,自己的让步往往会给对方很好的印象,假以时日,对方定会对我们敞开心门。

有些时候不要让自己太聪明,装傻充愣、随机应变,反而更能保全自己的形象。和不同的人交往,自己不可能一成不变地用同样的方法,随机应变的和不同的人打交道,往往更能赢得对方的友谊。

做人有时不能一根直肠子,直来直去地说话和做事,往往会得罪很多人,只要不涉及原则问题,小细节上自己完全可以装糊涂,这样对方也会认为我们懂事理,以后的交往才会更顺利。

与人交往,和人做朋友,关键的就是征服对方的内心,当我们用自己的实际行动向对方表明自己不是个不谙世事的小孩子时,人们才愿意和我们

进行交往，也才愿意和我们建立起人际关系，让我们更快地进入对方的世界。

装糊涂不是真糊涂，心里要清楚

我们最终都是要进入社会和别人打交道的，而人和人之间的关系，往往不像数学上的计算那样简单明了，一种关系的维系往往会有很多关系支撑，一个人脉的建立往往需要很多人的参与。我们要想让别人接受我们，就应该学会装糊涂。很多事，自己心里明白，但是就是不能说出来。一旦说出来，可能会影响很多人，甚至会有损当前的关系，所以，心里明白，不用非得表现出来，这才既可以保护自己，也不影响他人。

清朝一代名士郑板桥，经历了一生的辛酸苦楚之后，终于明白了人生的真谛：难得糊涂。于是他将此作为自己一生难得的经验流传后世，希望后人在难得糊涂中，拥有更好的人生。

揣着明白装糊涂，不是让自己愚昧无知，而是让自己变得更会处世，更会处理人际关系，它是一种洒脱，一种达观的人生态度。因为看明白了所有的事，所以更能坦然接受一切；因为经过了人生的波澜壮阔，所以变得更能心如止水、宠辱不惊。因为心里明白，所以就不会让自己斤斤计较那些无伤大雅的小事，就不会因为鸡毛蒜皮和别人做口舌之争。大事化小，小事化无，彰显的不仅是做人的豁达，更是一种阅尽千帆的人生智慧。

作为刚进入职场的我们来说，可能很多事情，自己还不会看开，很多事情自己还不是很明白，所以在生活中，应该不断培养自己在这方面的能力和智慧，让自己也做个人见人爱的糊涂人。

要想在生活中学会揣着糊涂装明白，不要随便拆穿别人，自己明知道对方是在说谎话，为了让他更好地自圆其说，为了让我们的关系还能继续，最好的方法就是听他说的，但是别去拆穿他，否则，不仅原有的关系维持不下去，反而会让对方视你为敌人。

时时用退一步海阔天空的思想来告诫自己，有些事情，不要太过斤斤计较，在职场生存更是如此，不要以为自己做的小让步别人看不见，老板对于同事间的这些小战争更是了如指掌，一时的忍让往往会换得今后工作的舒心和平静。

心里明白，就会让自己更能洞悉人心险恶，更能懂得人际相处之道。表面糊涂，就会让别人对你放下警惕之心，没有是非的袭扰。一个在社交场上是非多的人，往往是太过明白、太过算计的人，这种人往往到最后会被自己的聪明所误。

所以，作为职场新人的我们，要想让自己的职业生涯更顺利，要想让自己的朋友更广泛，就要学会揣着明白装糊涂。

真正聪明的人看破不说破

俗话说：观棋不语真君子。愚昧的人往往会看不懂，聪明的人往往看得破，智慧的人，往往能看得破却不说破。看破说破的人未必就是真的看破，看得破却不说破的人往往才是真的看破。

看破是对自己看到的、听到的、遇到的，以及感受到的假象，在经过分析后，知道了假象背后的真实本质。将看破的假象拆穿，或者是一语道破真相，虽然让自己逞了一时的口快，但是却可能会伤害很多人。

刚过 18 岁的我们，涉世未深，对很多事情经常是看不破的，但是在社会上历练一段时间后就会参破其中的玄机。但是看破就一定要说出来吗？就像看下棋，自己看出了走棋人的意图，难道一定要道破吗？走棋的人，见自己的意图被说穿了，心里肯定也会非常不满，明明是人家两个人在下棋，现在倒好，兴致全被观棋的人给说破了，自己再玩还有什么意思？

同样的道理适用在人际交往中，为了更好地生存和发展，为了更好地和别人相处，要试着学会看破不说破的处世之道。因为我们刚入社会，看透了对方的真实底细，明知道对方在说着口是心非的话，还非要说破对方的真实意图，对方会非常尴尬。假如对方是君子的话，可能会对你的这一行为一笑了之；假如对方是小人，可能就会趁机反驳你，也会对你进行一系列的人身攻击，甚至会因此埋下对你仇恨的种子，以便日后再找时机报复你。

没有人喜欢和一个处处与自己唱反调的人交往，没有一个人会对支持、赞成自己的人反感，这些都是人的心理使然。为了让周围的人尽早地接纳我们，最好的方式就是理解对方，参破对方话语中的意思，就算对方的话是言不由衷的，那也不能就此说破，让对方下不来台，给对方一个微笑，自己已经明了，这是心照不宣的，没必要非得说出个一二三来。

作为刚进入社会的我们，如何让自己做到看破而不说破呢？

首先，应该更多地理解别人，别人说一些言不由衷的话，或者是说些很明显的谎话，可能有他自己的理由，只要不是故意害人或是骗人，不说破又何妨，善意的谎言，维护它不也是一种善意的行为吗？

其次，很多事情，应该多想几步，不要将自己的视线仅局限在眼前，局限在对方所说的话上，对方之所以说这些话，也许是他不想让人们看透他，也许是不想增加别人的担忧。就像你的好友明明生病了，他明明正在经受痛苦，但是因为他不想看到别人为他痛苦，所以他故作坚强、故作没事，难道你还要拆穿他吗？

很多事情，都是心照不宣的，人们经常的做法是睁一只眼闭一只眼，没必要非得说穿它。所以当看破了对方的真实意图之后，我们应该多想想，拆穿他是不是对的，如果说破没有什么好处，或者是让关系变得更坏，那就一笑了之吧。

希望进入社会的我们都成为洞悉人际交往奥妙的高手。

第八章 20岁后细心观察读懂人心

——学点洞悉人心的社交智慧

人在社会上生活，最少不了的就是和人打交道。18岁以后的年轻人，在学校的时候，往往更偏重于知识上的学习，一旦进入社会，和人打交道的机会越来越多。人心复杂，各如其面。要想识破人心，刚满18岁的我们应该知道些看破人心的方法，从对方的相貌、表情等可以看见的地方，揣摩出对方真实的内心，洞悉对方的真实想法和性格，以便想出更好的方法来达成目标。

衣着打扮可以看出一个人的个性

18 岁以后的年轻人,因为即将步入社会,马上就要和形形色色的人打交道,所以,在进入社会之前应该学会一些识人的方法,先大体了解对方的特征,然后再进行交往,可能会更好地处理和对方的关系。

我们虽说是刚刚进入社会,但是在以往的生活中同样应该有和别人打交道的经验,比如和自己的朋友、同学等,自己同样应该有些识人的经验,但是那些经验往往不是很具体,非常笼统。现在我们要步入社会,所结交的人会比以往多,各种各样的人,往往会让我们不知所措,不知道如何更好地和对方交往。人们经常说人靠衣装马靠鞍,对方的穿衣打扮,会向别人透露很多关于他个性的信息,我们要想快速了解他人的个性,通过对外表打扮的观察,也许会有所收获。

人与人见面最先注意到的就是对方的穿衣打扮,虽然人们经常说,人不可貌相,但是穿衣打扮往往还是会给人留下很深刻的第一印象,并且会通过晕轮效应,影响到对这个人的评价。这种情况尤其是在和陌生人第一次见面的时候,产生的效果最明显。

外表打扮不合体的人:这里分两种情况,一种情况是有些人在一些正式场合,经常会穿一些惊世骇俗的衣服,或者是打扮得很另类,不是这个人不懂得在这种场合该怎么打扮,只是因为他想让自己表现得更加引人注目,于是才会选择这样一种方式来吸引别人的眼光。他们往往喜欢出其不意,不拘于礼数,崇尚自由,不会因为别人的评论而改变自己的主意。另一种情况是,这个人本意也不愿意穿着不合体,而是自己迫不得已,因为他的衣柜中实在是没有合适的衣服了,只好随便穿了一件。这种人个性比较随和,不喜欢一些复杂的东西，相比起来，他们不喜欢苛刻，也喜欢和别人相处。

外表打扮不修边幅的人：这种人也是分两种情况来分析。第一种情况是这个人生活比较懒散，对穿着非常不在意，也很邋遢，自己的衣服也不会去整理。这种人通常都比较懒，对生活的态度也是非常消极，不喜欢和别人相处，喜欢一个人独处。另一种情况就是，这个人之所以不修边幅，是因为他没有时间去整理，他专注于某个领域，将自己的全部精力都用在了这个领域上，于是没有闲暇去理会打扮是不是得体，这种人一般不善言谈，除了自己喜欢的领域，不会和别人畅所欲言，也正是因为如此，他们不会主动和别人交流，不喜欢将自己的内心世界展示给别人。

外表打扮讲究舒适的人：现在社会上流行着一股舒适风，在穿衣打扮上表现得非常明显，不讲究在什么场合，只要自己穿着舒适就可以了。譬如很多人经常喜欢穿着休闲装出入办公场合，只要自己觉得舒服，其他的都不用考虑。这种人通常会以自我为中心，不会让自己吃亏，不喜欢麻烦的事物，不会让繁文缛节拘束了自己，而且也都比较随和，但是有时候会变得非常固执，尤其是当别人的观点和他的观点相左时。

外表打扮非常正式的人；这种人喜欢公事公办，经常喜欢以严肃的表情面对身边的人，这种人不管在什么场合都喜欢用正式的衣服包装自己，因为他们没有安全感，总是喜欢将自己包起来，将真实的自己埋在心底，不喜欢别人轻易走进他的世界。

外表打扮非常得体的人：这种人非常注重自己在别人眼中的形象，喜欢穿整洁的衣服，喜欢按部就班地安排自己的生活，他们更喜欢在公式化的生活中活出自己的趣味。这种人好相处，但是不好交往，因为他们不想自己得罪人，所以会违心地和你交往，也同样会面带笑容地看着你。

进入社会的年轻人，在以后的人生中会接触到形形色色的人，要想让自己以后更愉快地和别人打交道，可以多在别人的外表打扮上做研究，也许就能更快地洞悉对方的个性了。

从下意识动作看出对方真实内心

人们在说话的时候,时常会将自己的真实想法掩藏起来。刚进入社会的年轻人,因为和别人打交道的经验很少,所以往往无法从对方的言谈中看出对方的真实意思。如何让自己快速揣摩透说话人的真实意思呢?

人们在交往的时候,经常会出现一些下意识的动作,这些动作往往是无意识做出来的,因为是无意识,所以,它更能真实地反映当事人的心理活动。年轻人刚进入社会开始与人打交道,应该如何从对方的下意识动作中,看出对方的真实心理呢?对下面这些下意识动作的解读,会让我们更好地了解当事人的真实心理。

(1)坐的时候,两只脚不停挪移:坐在椅子上,不停地更换脚的位置,不是从左边换到右边,就是从右边换到左边。这种人内心容易紧张,容易焦虑,没有耐性,要想让他停止这种动作,最好的方法就是找些他感兴趣的话题和他交谈,这样他的脚就不会动来动去了。

(2)喜欢用手在桌上敲出声音:这种举动通常表示他对你讲的话题一点都不感兴趣,觉得十分无聊,所以他会不停用手敲击桌子,或者是将椅子不停地来回摆动,表明他心情很差,不愿意听你聊天,作为讲话者的你,最好赶紧终止谈话,或者重新换个有意思的话题。

(3)说话时不停用手摸鼻子:这种人一般都比较敏感,甚至有些神经质,他们总是担心自己的秘密或者是隐私被人发现,因此他们和别人说话的时候,经常会分散注意力。所以,他们在说话的时候,为了让自己更能集中注意力,就不断用摸鼻子来提醒自己。

(4)有些人在说话的时候,动作的幅度很大:这种人通常将注意力全都放在自己身上,他们的自我意识很强,在说话的时候,手会不停地摆动,因为

他们想自己一个人来掌握说话的主动权,这就表明他想将自己的观点全都灌输给倾听的人。遇到这样的人,我们就只有听话的份了。

(5)有些人在说话的时候,喜欢抚摸自己的头发,或者是喜欢摸自己的耳朵:尤其经常会见到女人做出这种小动作,这说明她非常注意自己在倾听者面前的形象,于是总是不自觉地去维护自己的形象。有些男人也会习惯做这种小动作,这说明这个男人是心思比较缜密的人,他们的心理波动受外界环境的影响非常明显,一些不经意的话,往往也会让他们难受半天,所以,我们在和这种人说话的时候,应该多加小心。

(6)有些人说话的时候,喜欢将手抱在胸前:有些人不管是坐着还是站着,总是喜欢将两只手重叠抱放在胸前,这样的人通常警戒心比较强,他们这是保护自己的一种典型姿态,不想让自己受到外界的伤害。除非是让他非常信任,否则他们一般不会相信别人。假如想和这样的人交朋友,是很困难的一件事。

(7)有些人在说话的时候,没说两句话脸就红了:这种情况,男女都有。第一种情况是当事人比较害羞,不善和别人交流,所以不敢向别人表明自己的态度,于是因为说话的语无伦次而害羞。还有一种情况是,在面对自己喜欢的人时,人们会因为激动而让自己满脸通红。所以当一个异性在自己面前如果有这种反应时,你应该想想,是不是对方喜欢上你了。

(8)喜欢咬着嘴唇:这种人在和别人交往的时候,不管什么时候,总是喜欢咬着自己的下嘴唇,这表明他正沉浸在某件事里,注意力非常集中,不希望被别人打扰。所以在和这种人打交道的时候,我们首先要确定的是,对方有没有在认真地听你说话。

(9)喜欢吐舌头:在和某些人交谈的时候,我们会发现,他们经常喜欢将自己的舌头吐出来,这是因为他们心里比较紧张,可能现在正经受着压力,于是为了消除自己的紧张,用吐舌头放松自己。

在了解了这些下意识的动作之后,我们在和别人交往的时候,就能更了解对方真实的心理活动,并快速地选出和对方继续交谈的话题,让接下来的

交谈变得更愉快。

面部表情可以透露对方真实情绪

刚进入社会的年轻人,最少不了的就是和别人的交往。但是和别人交往也是有规律可循的,尤其要注意对方心情的好坏。对方情绪好的时候交谈起来很顺畅,对方情绪不好的时候,尽量说些平和和安慰对方的话。对方脸上的情绪往往显示着心情好坏,而情绪往往是写在脸上的,所以,要想了解对方的心情好坏,就应该会看对方脸上情绪的变化。

一个人的脸部表情往往会向他人透露很多信息,就像人们经常说的那样:“出门看天气,进门看脸色。”一个人的脸部表情,往往是这个人内心的晴雨表。不同的脸色代表着不同的意思。不管人与人之间有多少差别,人们的面部表情却是通用的。美国心理学家保尔·埃克曼研究发现,人的面部表情分为最基本的六种:惊奇、高兴、愤怒、悲伤、藐视、害怕。他通过研究发现,不管是在世界的哪个角落,人们表示这六种感情的表情是相同的。也就是说,人脸上的表情,可以作为我们研究对方情绪好坏的指示灯。对年轻人来说,应该如何通过面部表情看出对方情绪的好坏呢?

脸色:脸上泛红晕,往往是人非常激动或者是非常羞涩的表现;脸色发青时,往往是内心非常气愤,以致自己无法掩饰内心的愤恨;脸色发白,往往是陷入了巨大的恐慌中,或者是因害怕而让自己的脸失去了血色,病人大病初愈时,脸色往往也是白的。脸色能反应人大体的心理变化,但不能显示出对方内心微妙的变化。要想更好地识别人的复杂表情和微妙的心理变化,就要仔细看人脸上的五官变化,五官往往能更细致地反映出对方情绪的好坏,也能反映出对方微妙的内心变化。

眉毛：皱眉往往表示烦恼或深深地思考，有时候也表示不同意的意思；扬眉往往表示当事人内心非常高兴，同时也表示非常惊奇。眉毛高高上扬，这说明对方对我们说的话感兴趣，有让你继续讲下去的意思；眉毛短暂上扬，很快恢复到原来的样子，这说明他非常惊讶，也或许是因为他非常悲伤。往往是青是的来说任作其他人无形之中都贬低了，在职场上效果更甚，比

眼睛：眼睛向左，往往表示当事人在思考；眼睛向右，往往是表示当事人在回忆；如果眼睛不断左右移动，往往表示说话者在撒谎。如果他对我们说的话感兴趣，眼睛就会睁得大大的，炯炯有神；如果对我们的话没兴趣，眼睛就会盯在别处，同时眼睛也没有光彩；如果我们说的话，让他产生了很深的思考，他往往会眯起眼睛仔细思索。

鼻子：鼻翼微微张大，说明对方内心非常得意，或者是非常不满，因为内心正在压抑一种情绪，所以鼻子会不自觉地胀大。一般来说，人的鼻子胀大往往是因为内心非常愤怒，或者是非常恐惧，当人心理变化比较大时，往往会影响到人的生理变化，以致呼吸加快，于是鼻孔就开始胀大了。有些人在内心非常紧张时，鼻子上经常会出现汗珠，这一现象可以用来识别对方是不是在说谎。

嘴巴：很多人经常忽视嘴巴所暗示出来的意思，其实嘴巴最能反映一个人的性格和心理。比如樱桃小嘴的人往往非常保守，他们不善和别人交往。而大嘴巴的人往往性格大大咧咧，喜欢和别人交往，性格比较外向。不仅如此，嘴巴的动作，能显示出当事人的内心波动。嘴角上扬，说明对方的心情好；嘴角下垂，往往是内心非常忧伤；紧抿着嘴巴，往往是表示内心非常愤怒，或者是表示坚强的决心；撅起嘴巴，往往是表示内心不满，渴望得到对方的解释。

了解了这些情况之后，我们在和别人打交道的时候，就应该有观察的侧重点了，对方情绪不好的时候，不要凑上前去说些让对方心情更糟的话，也不要说些刺激对方的话，让对方的心情变得更坏。选择在对方情绪好的时候，和对方进行交谈，往往会更便于交流。

用心聆听，听懂对方的弦外之音

作为年轻人，要学会和别人打交道，首先要学习的是听懂别人话中的弦外之音。俗话说："锣鼓听声，听话听音。"人们在平时的交往中，有些话是不能直接明说的，于是经常会将自己的真实意思隐藏在话里头，只有听出了话里的弦外之音，才能真正了解对方的意思。

运用弦外之音来阐明自己真实意图的情况，比比皆是。有些话是不容易让对方接受的，比如批评指责对方的话，如果直接用很明白的话语向对方说出，虽然对方心里知道我们说的话都是正确的，但是为了面子，他们可能不仅不会承认，还会故意找出理由来反驳我们，让我们也下不来台。如果用话的弦外之音批评对方，对方可能就不会这样强烈反对了。领导和下属交流时，往往不会将自己的意思阐明得很清楚，而是话里有话，重在弦外之音，如果不能听出领导的弦外之音，可能就会将事情办砸。

听不出别人话里的弦外之音，可能就会闹笑话。明明对方是在说你不好，或者是故意嘲讽你，结果你还以为是在表扬你，并到处宣扬，这样自己的脸面可真的是丢尽了。

对于年轻人来说，自己以后少不了要和别人打交道，如何听出别人话里的弦外之音呢？

首先，应该会听对方说话的语调和语气。假如对方说话时的语气和语调与他平时不一样，这时候就应该小心，仔细分析对方话的意思，想想对方为什么会说出这样一句话，是对自己前面说话的不满，还是对自己接下来说话的暗示，或者还是因为自己刚才说的话，让对方不满，产生误会了？想清楚这些，可能就能分析出对方话里的弦外之音了。

其次，考虑说话的环境。人们经常在聊天的时候，突然就转变了说话的内容和语气，这说明说话环境变了，这时候，我们就该想想，对方是不是在暗示你什么，老板来了，或者是某些人来了，不方便再进行刚才的谈话。

再次，看懂对方的肢体语言。有些时候，人们说话的时候，经常会伴随着一些肢体语言，某些话可能说不出口，但是肢体语言，往往会反映出对方话里的真实含义，仔细观察对方的肢体动作，也许我们就能明了对方话里的真正意思了。

最后，听出对方的搪塞话。人们在结束交谈的时候，往往会说些结尾的话，这些话，可能仅仅是对方告别的托词，往往不是对方的真实意思。比如，对方说："这件事情我回去后再考虑考虑"，"产品是不错，但是可能得得到领导的同意"，这些话仅仅是对方想让自己早点结束交谈，如果听不出话里的弦外之音，可能就会故意揪着对方的话头，继续让对方做出保证，这样是很容易让对方反感的。

因此，我们在和别人交往的时候，要能更好地读懂对方话里的弦外之音，让自己更好地理解对方的意思。

不同的身体姿势显示对方不同的性格

年轻人在和别人交往时，应该尽量早些了解对方的性格。从穿衣打扮、下意识的动作方面可以看出一个人的性格，但是这些情况反映出来的毕竟不是很全面，要想真实全面地了解一个人，从他的各种姿势中反映出来的性格，往往是最接近这个人的本质的。

姿势如何反映人的性格呢，下面的这些内容，可能对我们更好地认识他人的性格有帮助。

1. 走路的姿势

(1)走路速度快,手伸得笔直,这种人做事比较有毅力,只要是他下决心了做某件事,就是费尽千辛万苦也要做成。这种人比较稳重,有责任感和安全感。

(2)走路速度一般,手掌自然地握成拳状,这种人比较有正义感,不喜欢拖泥带水,喜欢帮助别人,但是这种人比较容易感情用事,做事也比较传统。

(3)有些人走路的时候,喜欢将自己的手插进口袋里,这种人的心思通常比较细腻,因此容易多愁善感。

(4)有些人走路速度慢,五指喜欢稍微弯曲,这种人看上去比较怯弱,但是实际上,他们很有主见,有自己的思想,是个能成大事的人。

2. 坐的姿势

(1)有些人坐的时候喜欢挺直腰杆,正襟危坐,不管什么时候,他们总是让自己表现得很正式,这种人做事比较传统,喜欢按部就班的生活。

(2)喜欢两腿叉开坐的人,性格通常都比较豪爽。他们对自己很有自信,有指挥家的气势,很喜欢支配别人。

(3)喜欢跷二郎腿坐的人,这种人比较自信,很会享受生活,与身边的人相处也很融洽。

(4)喜欢将两腿并起来的人,对生活的要求比较高,并尽己可能地将事情做到极致,这种人无论是对爱情还是工作,都喜欢追求完美。

3. 站的姿势

(1)双目平视的站姿,说明这个人非常有自信,性格也很开朗,给人一种意气风发的感觉,如果是脊背挺直、胸部挺起的站姿,就说明这个人比较封闭、保守。他们将自己保护得很好,自我防卫能力很强,他们的生活态度比较消极,对任何事情都缺乏兴趣。

(2)两脚合并,双手垂直身旁的站姿,这种人的站姿很保守、很传统,他们的性格往往和他们的站姿一样,都是比较传统、保守,不喜欢做任何改变,对新事物的接受能力不强。但这种人却很有毅力。

(3)站立时不断变换站姿，这种人是行动主义者，他们的性格容易急躁，身心经常处于紧张状态，他们喜欢接受挑战，不喜欢一成不变地从事一种工作。这种人的创新能力很强。

年轻人和别人打交道的经验尚浅，应该在分析别人性格方面多下点工夫，当对这个人有所了解时，再选择合适的聊天话题，或者是选对说话的方式，这样交往起来才更容易。

从爱好看出对方的个性特征

人的兴趣爱好多种多样，年轻人同样有各种不同的兴趣爱好。人的兴趣爱好，不仅仅是个人热衷事物的反映，在很多情况下，仔细研究一个人的兴趣爱好，往往也能看出这个人具有怎样的性格。

人的兴趣爱好如此广泛，有人喜欢打篮球，有人喜欢踢足球，有人喜欢听音乐，有人喜欢画画，有人喜欢养花，有人喜欢集邮，有人喜欢跳舞，有人喜欢唱歌，有人喜欢钓鱼，有人喜欢狂奔……种种不同的爱好，对于喜欢者来说，这些爱好有个共同点，都能愉悦人的心情，能让人从中感受到乐趣。不同的人，对不同的爱好的热衷程度也不同。我们要想了解一个人具有什么样的性格，用心留意一下他的爱好，也许就能有所发现。

男士往往都是比较喜欢运动的人，经常会在体育场上看见他们飒爽的英姿，因为爱运动，足球、篮球往往会成为他们的最爱。像这样的男士，往往具有男性比较常见的优点：性格开朗、不拘小节，喜欢从事一些具有挑战性的任务和工作，意志坚定，具有很好的合作精神。和这样的人相处，也是一件很快乐的事情。

有的人喜欢音乐，不管是在心情好的时候，还是在情绪低落的时候，总能从不同的音乐中，让自己舒缓下来，他们对音乐的感受能力强，所以，总会找到适合自己的音乐。不同的人爱好不同的音乐。有的人喜欢舒缓的轻音乐，这样的人喜欢安静，喜欢一个人静静地品味生活，不喜欢热闹，很喜欢独处。喜欢摇滚乐的人，正如摇滚所阐释的含义一样，这种人喜欢热闹，喜欢交朋友，不能忍受寂寞所带来的痛苦，他们愤世嫉俗，对不满的事情，不能很好地控制自己的情绪，他们喜欢到处张扬，喜欢惹人注目。喜欢流行音乐的人，往往是随波逐流型的人，总是喜欢跟着流行走，他们的感情世界很丰富，但对于太过强烈的感情，往往是难以接受的，他们更喜欢轻松自在的生活。

有些人喜欢看书，在书中他们会找到一片属于自己的净土，和书的作者交流，从大师那里得到心灵上的给养，呼吸着另外一片天空的新鲜空气。读不同性质的书，同样会看出这个人是个什么性格的人。喜欢财经书籍的人，不安于现状，知难而进，喜欢争强好胜，在他们的心目中，总喜欢超越别人，他们渴望荣誉。喜欢时装书籍的人，往往对自己的外表非常在意，他们将自己的很多时间都花费在自己的外表上，他们出手大方，追求时尚，及时关注最新信息和流行趋势是他们的乐事。喜欢小说的人，很注重感情，喜欢和小说中的人物同悲欢，对事物有很强的洞察能力，喜欢看小说的人，往往女士居多，她们经常心怀浪漫，感情细腻。还有些人喜欢看成功人士或者是名人的传记，这种人往往野心勃勃，他们善于权衡利害得失，不喜欢打没把握的仗。

有些人喜欢登山，是因为他们喜欢挑战自己。喜欢一个人登山的人往往是性格内向型的人，这种人喜欢征服别人，就像征服众山一样。有些人喜欢几个人一起去登山，这种人性格外向，登山在他们看来仅仅是一种消遣，因为他们的目的不是征服众山，仅仅是为了享受那顿野炊或者仅仅是为了看看山顶上的美景而已。所以，要想看出这个人的性格，不妨试探着询问一下对方登山的目的，从对方的登山目的中，我们就能分析出这个人是不是一个善交往的人。

还有些人喜欢收集，收集邮票、钱币、古玩等，从人们收集的这些物品

中，我们也能看出一个人的性格。有些人喜欢收集象征荣誉的物品，因为他们以前有过很多的荣誉，但是现在的自己却再也享受不到那种荣誉，于是他们从这些物品中，怀念以往的成就，慰藉自己的心灵。喜欢收集书籍、杂志的人，会享受读书时的乐趣，虽然收集的这些书或杂志，已经没有了价值，但是他们依然喜欢从这些过时的书籍和杂志中，品味自己的博学。因为不喜欢接受那些新鲜的东西，所以他们的生活往往比实际生活落半拍。喜欢收集照片的人，总是喜欢从照片中回忆以往的美好时光，因为他们的怀旧，所以他们总是喜欢向别人介绍这些原有的美好回忆。喜欢收集古董、艺术品的人，往往是有一定地位的人，这种人喜欢通过收集这些物品来显示自己的高雅、博学，甚至是财富。收藏品的档次、价值和数量，往往直接反映出这个人的地位和财富。这种人好胜心强，占有欲也强。喜欢收集旅游纪念品的人，喜欢冒险，喜欢自由，因为追求新鲜、奇异，所以他们敢于冒险，天南海北总能见到很多这种人的身影，这些旅游纪念品，就是他们足迹的最好证明。

种种不同的爱好，揭示了人不同的性格和特点，我们在和众人相处的时候，多询问一下对方的兴趣爱好，没准儿双方就能从彼此的兴趣爱好中找到谈话的契合点。同时我们还能从对方的兴趣爱好中，分析出对方的性格，这对于接下来的交往也是一件有益的事情。

第九章 20岁后懂得说三分留七分

人们在交往的时候，往往不会以真面目示人。不管是在平时的生活中，还是在利益相关的职场上，一个以真面目示人的人，往往很难立足，不知道掩藏真心，就会让自己处处受敌。虽然过完18岁生日的年轻人已是成人了，但是和人交往的时候，心理上的不成熟，往往会让我们不经意间透露出自己的真心，这种危险的做法可能会让我们的成长之路变得更加崎岖。如何更好地掩藏真心，让自己的立身处世更顺利，是我们成长之路上不可缺少的重要一课。

和他人保持距离的技巧:说客气话

作为刚从学校出来走入社会开始打拼的年轻人,在社会这个大舞台上,接触到的人会越来越多,这里面不仅有亲人好友,还有同事、领导,甚至是很多仅和自己有一面之缘的陌生人,形形色色的人,往往会让我们茫然不知所措。很多人都是自己不了解的人,如果轻易就将自己的真心捧给别人看,对方还不一定领情呢。为了更好地保护自己,我们在和别人交往的时候,就应该学会适当说些客气话,以显得自己有礼貌。

对涉世未深的我们来说,自己在以往的生活经历中,对客气话可能不是很熟悉,因为自己以往交往的人,往往都是很要好的伙伴或者是朝夕相处的同学和朋友,这种相处,没有使用客气话的必要,而在以后的生活中,因为接触的人形形色色,有很多都是比我们年龄大的人,用客气话和对方交流,可以显出自己对对方的尊重。比如人们见面的时候,经常会说“久仰”、“请多多指教”、“相扰了”、“请多包涵”等之类的见面语,告辞时,经常用“请留步”、“晚安”等之类的客气话。

客气话是为了礼貌,有时候也仅仅是一种应景的话,不能当真。客气话仅仅是客气的意思,对方可能只是出于礼貌而说,我们如果真的按对方的话做了,反而会显得没礼貌。

有个小伙子因为工作关系,经常要到总公司里送报表,时间一久就和总公司里的人熟了,其中有个姓孙的同事对这个小伙子很热情,见面就和他说几句客气话,一见面就是“吃了吗?没事去我家吃去”。因为他家住在公司的旁边,所以,经常很热情地邀请这位小伙子去吃饭:“离我家这么近,来我家喝杯茶吧。”这个小伙子因为和对方不是很熟悉,所以每次总是说:“我已

经在食堂吃过了。”这位孙先生一听，就会表现得很失望，说：“哎呀，就这么近，来我们家吃一样吗，改天让你嫂子弄俩菜，咱哥俩喝点儿。”几次下来，这位小伙子就想，这个孙先生是不是真的很想邀请自己去他家吃饭。于是有一天，这位孙先生再问的时候，小伙子低声说道：“还没呢。”正在他寻思着是不是应该带点东西去孙先生家吃饭的时候，这位孙先生拍着小伙子的肩膀说道：“没吃赶紧去吃吧，不然食堂就要关门了。”

这位孙先生屡次热情地邀请这位小伙子去吃饭，但是这仅仅是出于礼貌的客气话，根本就不能当真，一旦当真，对方反而会不高兴了。

作为刚开始在社会上打拼的我们来说，在和别人打交道的时候，应该首先分清楚对方说的话，是不是客气话。千万不能把所有话都当真，否则不仅会坏了原有的关系，还会让对方反感。同时我们也应该学会说客气话，那么如何让自己说好客气话呢？

我们要知道刻板的客气话，不会让人产生好感，就算是想说客气话，也应该学会变换方式，不能全是死记硬背公式化的客气话，而是应该加入自己的感情。比如“久仰大名，如雷贯耳”、“小弟才疏学浅，请多指教”这样没感情的话，最好更换掉。

客气话应该真诚而切合实际，不能太夸张，让对方一听就知道是在巴结。赞美别人应该真诚，胡吹乱捧只会让人反感。比如夸奖对方取得的成绩、对方呕心沥血所作出的成就、对方家居的摆设等，这样的赞美才会对方由衷的高兴。

客气话也不是必须经常使用的，一些太过书面语的客气话，可以在初次见面或者是前几次见面的时候使用，一旦双方变得熟悉了，就可以省去了，但是对对方的礼貌和尊重却是不能省的。

希望每个进入社会的年轻人，都能用好客气话，使得和别人的交往更加顺利。

恰当暴露缺点让他人更容易接纳你

18 岁以后的我们已是成年人了,在踏上社会以后,为了让自己的未来更光明,为了让自己的人缘更宽广,就得学会一些处好人缘的方法,让接触我们的人愿意和我们交往。要想让别人尽早地接纳我们,自嘲是很有效的一种方式。

很多人对自己身上的缺点或者是缺陷,总是耿耿于怀,甚至想办法将自己身上的这些缺点和缺陷遮掩起来,自己的不光彩不想让别人看到,殊不知,这样做只会欲盖弥彰,甚至会弄巧成拙。尴尬的场面经常会出其不意地发生,尤其当这种尴尬发生在自己身上的时候,不仅自己没面子,在场的人都会觉得很难堪。

如何对待这种种让自己尴尬的情况,笨人只会在心中自骂倒霉,或者只会心生怒气,但却于事无补。而聪明人会用自嘲的方式,化解尴尬,让自己摆脱窘境,对于自己身上的缺点和缺陷,他们也会不避讳,甚至用此拿自己开涮,让人觉得这已不再是缺点和缺陷,反倒成了这个人的优点了。

一些成功人士,往往都是自嘲的高手,这种自嘲让他们变得更为平易近人,因为他们的自嘲,也使另外一些人摆脱了难堪的场面,这种自嘲体现了他们的大家风范。在我们平时的生活中,也应该学会用自嘲为自己解围。自嘲不是故意拿自己和别人开玩笑,也不是故意将自己当成小丑,自嘲可以帮助人更好地化解存在心里的怒气,让人瞬间由窘迫变得收放自如。自嘲不仅可以展示自己机智的应变能力,而且也将自己开朗乐观的性格展现得淋漓尽致。

在一个舞会上,一个个头偏矮的男子,想邀请一个个头高挑的女孩跳

舞,但是女孩一见对方的个子太矮,立马很高傲地就拒绝了:“我从不与比我矮的男人跳舞。”男人听了没有发火,也没有因此指责对方,他自嘲地笑笑,说道:“我真是武大郎开店,找错帮手啊!”女孩听后面红耳赤,变得不自然起来。

这个男子就是因为善用自嘲,才摆脱了自己的窘境,明知道自己的个子矮,但是矮个子就不能跳舞了吗?女孩的话很伤人,但是男子没有因此激烈地说出自己的理由,知道个子矮是自己的缺陷,但是只要自己不在意,别人说什么又有多大的关系。经男子这样一自嘲,个子矮反倒不是他的缺陷了,反而成了反击女孩的有效武器,将尴尬抛给了女孩。

由此可见,适当的自嘲既能让自己摆脱难堪的窘境,还能让自己的个人魅力得以提升。作为年轻人,如何学会自嘲呢?

首先,正视自己身上的缺点或者是缺陷。人无完人,一个时时将眼光盯在自己的缺点和缺陷上的人,会变得越来越固执,越来越敏感,别人稍微提到相关的字眼,可能就会暴跳如雷。正视自己的缺点和缺陷,自己就会看开,只要自己不在意,这些让自己感到不光彩的地方,反而最后会成为让自己增彩的地方。

其次,用自嘲的目的要正确。自嘲的目的是为了让自己摆脱尴尬,而不是为自己狡辩,有些自嘲的话说出来可以让大家哈哈一笑,尴尬就此消除,如果仅仅是将眼光放在自嘲的语言上,忽视了自己说话的目的,不仅起不到好的效果,还会让情况更加恶化。比如一个服务员端盘子的时候,不小心将自己的拇指伸进了汤里,客人见到这一情况后,说道:“有没有烫坏你的手啊?”这位服务员本该明白顾客的意思,但是他却说道:“不热,温的。”想必对方听了这话之后肯定会非常生气。

再次,多使用幽默语言,让自己的生活变得更加乐观。自嘲时人们往往会用幽默的语言来为自己解围,如果我们也想让自己的自嘲能力不断增强,就应该在生活中,多加锻炼自己使用幽默语言的能力,让自己越来越开朗。那么遇到窘境的时候,也不会因为尴尬而让自己大发脾气了。平时的时候,多记住些幽默的话，当遇到相似的情景时，自己就可以运用自如了。

我们要想让自己以后的路越走越畅通，就应该给别人留下个好印象。适当地使用自嘲，既能让自己摆脱窘境，也能为自己的个人形象不断加分。一个会自嘲的人，不会被人拒之门外。

用转移话题的方式来回避不想回答的问题

18 岁以后的年轻人一旦踏入社会，就会和不同的人打交道，所以应该学会一些自我保护的方法。要想保护自己，首先应该学习的是，如何从语言上保护自己。

涉世未深的我们或许有过这样的经历，经常会被问及一些自己根本就不想回答的问题，但是不回答还怕伤了对方的面子，所以经常会硬着头皮来回答。这种解决问题的方法往往不是最有效的，因为没有保护到自己。既然现在我们已经是成年人了，那就应该用成年人的方式来解决这样的问题：通过转移话题来回答自己不想回答的问题。

以下几种方法可以让我们学会转移话题的一些方法，希望对我们有所帮助。

(1) 答非所问：故意曲解对方的意思，明知道对方话的意思，但是故意装作不是很理解。对方说某人，你就说到事上，对方谈工作，你就开始谈下班之后回家要做的事情，总之就是不往对方的说话目的上靠拢。这种方法，经常用在对方说话意图不是很明显的情况时。

(2) 节外生枝：假如对方的谈话是围绕着一个我们不感兴趣的话题，而我们又不能直接向对方说自己不感兴趣，于是就可以借着对方谈话的主题不断向外延伸。比如对方在和你说某个人的是非，遇到这种情况时，我们可

以顺着对方说出的某件事,谈到自己身上发生的事,或者是对方身上发生的事,但就是绝口不提被说者的是非。对方见你如此,如果是个聪明人,应该会很快终止那个你不愿聊的话题。

(3)学会用视线转移自己的话题:当对方说的话题,自己不想深谈,却又无法很突然地中止对方的谈话时,可以用视线转移转移话题。在一些电视或者是电影上,经常看到这样的情况,假如某个人不想接着往下聊时,他会突然将自己的视线转移到外面,说话者也会因此中止自己的聊天,然后转移视线的那个人可能会说道:"今天的天气真好",借此来转移话题。我们在和别人交谈的时候,也可以使用这样的方法来转移话题,将自己的视线放到外面,开始谈论天气变化;将视线放到对方的穿衣打扮上,夸对方有品位,向她讨教保养皮肤或者是穿衣搭配的经验。

(4)先声夺人:很多人在转移话题时,经常选用的方法是,在对方还未深入地聊他喜欢的话题时,自己就先选择一个自己想谈的话题,侃侃而谈,不给对方时间,并向对方咨询他的意见和建议,向对方讨教解决问题的方法,尽显自己的诚恳。

虽然说转移话题可以让自己不用回答那些自己不想回答的问题,但是因为自己是故意转移对方的话题,可能会让对方感到非常不快。如果转移地不好,还可能会伤到对方,认为我们这是在故意为之,让他下不来台。转移话题的最高境界往往是自然而看不出一点痕迹,让对方不知不觉地跟着自己的思路走,甚至忘掉聊天的初衷。而话题转移得不好,就会尽显斧凿的痕迹,让对方非常不快。

年轻人在进入社会后,因为自己的不谙世事,可能也会问出一些对方不想谈的话题,这时候,可能会出现气氛冷场,或者是谈话陷入僵局的场面。当对方表现出很为难的样子而不知道如何回答时,最好的解决方法是,向对方提出另外一个话题,这时候可以说:"这个话题可能不是你想谈的,那我们可以待会儿再说这个问题,现在我们先聊聊其他话题吧。"

适当的转移话题,确实会在关键的时候保护自己,但不是所有的人,都能将转移话题的技巧运用得灵活自如。我们还没有太多的经历，所以在以后的生活中应该多读些转移话题的书籍，提高自己转移话题的能力。

示人以弱，不为自己树立敌人

18 岁以后的年轻人，逐渐开始在社会上打拼的生涯，告别学校，进入社会，很多东西都有一个适应的过程。在学校里，成绩好的人，往往会成为大家眼中的骄子，成为别人羡慕的对象；但是在生活中，一个人表现得太优秀，就会成为大家眼中嫉妒的对象，并因此会影响到自己以后的发展。

作为年轻人，应该学会用示弱的方法为自己争得一片生存和发展的空间，别让自己的好强和优秀成为别人打击自己、排斥自己、嫉妒自己的理由；别让别人对自己的嫉妒成为自己成功路上的绊脚石。

适当示弱是一种人生智慧，适当地示弱，不是向别人表示自己的能力差，不能担当大任，只是避免让自己成为风口浪尖的人物，成为大家的众矢之的。学会适当地示弱，可以让自己更好地生存，这是通向成功的有效方法。强者示弱，不仅不会让人觉得这是有失身份的一件事，反而会让人觉得更加平衡。一个人太优秀了，别人就会想办法打击他，而一旦这个人在某方面向别人示弱，所有人都会觉得，这个人才是一个活生生的人，人们也会因为他的示弱，而认为他的成功、他的优秀也是可以接受的，其他人就不会再将他当成是打击的对象。

示弱的人生智慧，古代的仁人志士已经将其发挥到淋漓尽致了。汉高祖的成功就是一个典型的例子，因为他的示弱，所以，项羽放过了他，因为他的示弱，所以才能最后坐拥天下，傲视群雄。而他的大将韩信，因为不懂得示弱，一个“多多益善”，让刘邦对他起了杀机，韩信最后为什么没有建成一

番基业就早早地去世了,有人说他是锋芒毕露,不知道有所保留,有人说他太自信。不管怎么说,归根结底是他不知道示弱,尤其是在当权者面前,大言不惭的说自己的实力。如果他知道示弱,今天的历史可能就要重写了。

适当示弱的人生智慧,不仅仅在古代适用,在今天的社会同样适用。职场是个复杂的小环境,里面的人经常会为了利益不断地明争暗斗,太过露锋芒的人,往往首先成为人们打击的对象。不是因为他的实力不行,而是因为他的人缘不行,没有人喜欢和一个自高自大的人交往,没有人喜欢和一个总是将自己不放在眼里的同事共事。于是人们会想尽办法为他设置各种障碍。

作为职场新手的年轻人,应该如何学会适当示弱这种人生智慧呢?

(1)将自己的强项掩饰起来:不让对方看出自己的真正实力,这种方法经常会让别人掉以轻心,不会将我们视为他们的敌手。

(2)学会适当求助:求助之人向来就是弱者的形象,请求对方帮助,可以学到很多别人的经验,也可以向对方传输这样一种信息:那就是自己在这方面是不如他的,对方可能就会消除对你的戒心。

(3)学会合作:合作现在已经成为这个社会普遍认同的处世方式,合作能发挥人之所长,还能避人之短,同时在合作的过程中,能增进彼此之间的感情,让对方不会对你产生敌意。

(4)主动说出自己的弱势:向别人主动说出自己的弱势,并适当地做出相应的举动,让对方消除对你的戒心。这样的示弱,可以真正从别人那里学到些东西,也可以避免因为自己的年少冲动,而做出无形中树敌的傻事。

刚进入社会的我们,还是职场新人,上升空间还很多,假如自己一开始就处处表现得很强势,不仅不会得到别人的赞赏,相反可能得到的是对方的攻击。因此要想在社会上如鱼得水、左右逢源,仅凭借自己的能力和知识是不够的,还要有做人的智慧。

始终微笑，别把情绪挂在脸上

进入社会后，我们应该学会掩饰自己的情感，将心情全写在脸上的人，是个不成熟的人。一个成熟的人，不管什么时候见到他，总是一副微笑的表情，让人捉摸不透他的心思。

微笑具有感染力，它可以向人们传递当事人内心的喜悦，不好的心情在微笑的带动下，也会雨过天晴。看着一个人微笑，我们也会报之一笑。

一个将情绪写在脸上的人，是一个感情容易冲动的人，有些人会利用这一点，来达到自己的目的。一个时时面带微笑的人，却会很好地控制自己的情感，他们冷静沉稳的气质，给人踏实稳重的感觉，这份沉稳，也会让他们的事业越做越好。作为刚进入社会的我们，要想在职场上沉着应战，首先应该学会的就是让自己时时微笑示人。

我们在社会上打拼会接触很多人，有些仅仅是和自己有一面之缘的人，当自己向他们微笑的时候，对方也会向我们微笑。微笑可以消除彼此之间的陌生，拉近彼此之间的距离。在生活中用微笑掩饰自己的情感，就算自己的心一直在下雨，为了让家人放心，为了让朋友安心，最好的方式就是用微笑面对他们，告诉他们自己没事，不管自己遇到了多大的困难，不管自己遭受了怎样的心痛，没关系，微笑可以表示出我们的决心和乐观：自己没事，以后也不会有事，只要自己还可以微笑，再大的困难、再大的坎，自己也熬的过去。

当微笑成为我们的招牌表情后，我们会不自觉地微笑，就算自己没有什么值得高兴的事。因为微笑，我们的心情就会变好；因为微笑，我们的生活态度就会更加乐观；因为微笑，我们就会变得更加平易近人，喜欢和别人相

处并喜欢将自己的微笑送给每个人。

用微笑掩饰自己的真心，就会让自己放下紧张，就会让自己放下不快。微笑是廉价的，每个人都会；微笑是奢侈的，不是每个人都会利用它。有的人整天总是板着脸，处处严肃，这样的表情很容易让人落荒而逃。

年轻人，总是将自己的心情写在脸上，还不知道掩饰自己的情感。一旦进入社会，不是所有事情都能如我们所愿。没有人会为你的不高兴买单。除了自己的亲朋好友，没有人会在乎我们的不高兴。将不高兴写在脸上，领导看到了不仅不会安慰我们，还会说我们这样做会影响到工作；不怀好意的同事看见我们的不高兴，会借此大做文章，在领导面前说我们的坏话，让我们无从申辩。

将自己的情感放在心底，让自己学会微笑，微笑地面对生活，生活的阳光总有一天会沐浴我们；微笑地面对陌生人，让他们一天也有个好心情；微笑地面对同事，让他们知道自己是个很好相处的人；微笑地面对上级，他就会意识到我们不再是小孩子，我们知道如何控制自己的情绪了。

当我们用微笑面对生活时，忧伤就会减少，快乐就会增加。不是所有的人都在乎我们的不高兴，与其让自己的一脸忧伤影响别人，为什么不让自己多给别人点微笑呢？

不要把自己的真实想法全盘托出

古人曾经说过："逢人只说三分话，未可全抛一片心。"说的就是和别人的交往，不能推心置腹说出自己的真实情况。作为年轻人，应该加强自己的警惕之心，因为我们在社会上经历的事情还不是很多，接触的人也很少，社会上一些不怀好意的人，经常将我们作为欺骗对象。他们打着好人的招牌

和我们进行交流，用伪善的一面去换我们的信任，然后等时机一到，就会露出他们的真面目。这种人经常会将自己的心机隐藏得很深，经历太少的我们往往会掉进他们精心设置的陷阱里。

为了不让这样的悲剧在自己身上上演，涉世未深的我们，应该从这些悲剧中吸取教训，说话仅说三分话。说话说三分不是代表我们不诚实，对人不信任，而是为了更好地保护自己不被小人算计。说话说三分仅仅是针对那些自己不熟悉底细的人。作为没有多少社交经历的我们，如何让自己会说三分话呢？

端正态度：我们应该知道的是，仅说三分话，既是为自己着想，也是为他人着想。不要在自己和别人初次见面的时候，就言无不尽地将自己的真实底细告诉别人，以为这样可以向对方显示自己的诚实和心无芥蒂。自己谈的多是发生在自己身上的事，或者是从自己的喜好开始，对方是不是愿意听呢？自己侃侃而谈，可是对方兴趣寥寥，这样的交谈只能让对方反感。所以，首先应该端正说话的态度，自己想谈的话题，未必就是对方感兴趣的，说话的时候，只说三分就好了。

仔细留心对方的言谈：说话的时候，一定要多长个心眼，假如对方的问题全是在问自己的私事，这时候，我们就应该多留意了，为什么他老是打听你的情况，是不是别有用心？害人之心不可有，但是防人之心一定得有。哪怕对方只是无心之谈，我们也应该多加防备，不要让对方钻了自己坦诚的空子。

注意说话的技巧：尤其是在和陌生人说话的时候，一定要注意不要将自己当成是谈话的主题，尽量去说些和自己无关的事情，或是天气，或是时政，或是服装，这些话题和自己的隐私不会有很大的关系，自己尽可以和对方聊。这不是说明自己狡猾，而是为了保护自己。

那些社交高手，在和别人交流的时候，就仅仅说三分话，甚至是连三分都不到，因为他们知道祸从口出的后果。作为年轻人，我们在和别人交流的时候，不仅自己要说三分，就是在听别人说话的时候，也只能听三分话，别人

的话不可全信。不要随便打听别人的隐私，如果对方和你的交情真到了无话不谈的地步，他会主动告诉你；如果他根本就不想和你说，无论你怎么努力，都是没用的，他甚至会认为你居心叵测。

所以，我们要想更好地保护自己，一定要学会逢人只说三分话的技巧。

不要轻易悲伤，控制好自己的情绪

不管是男人的有泪不轻弹，还是女人容易流泪的脸，眼泪所表达的含义，都是人情绪的宣泄。年轻人在进入社会后，经常会因为别人的指责、自己的委屈、老板的训斥、同事的排挤，而让自己的眼泪控制不住地流下来。

作为成人的我们应该知道，眼泪代表的不仅仅是自己情绪的波动，显示的不仅仅是自己丰富而细腻的心，很多时候它们还代表着不理智和不成熟。要想在职场上身经百战而不受伤，要想在谈判桌上慷慨激昂而不怯弱，要想和别人的交往游刃有余，要想在人生路上不断前进，要想让自己的人生终有建树，我们应该做的就是控制好情绪，不让眼泪乱飞。

人生的很多境遇，会让我们控制不住地流下眼泪，伤心的时候，眼泪总是忍不住夺眶而出；激动的时候，眼泪总是如约而至；痛苦的时候，眼泪总是无可遏制地如影相随。我们中的很多人总是控制不住自己的情绪，让自己在情绪爆发的第一时间，将其痛快淋漓地宣泄出来。一个人要想成功，要想有所成就，如果任凭自己感情用事地发泄情绪是不行的。职场上人们的较量不是靠情感取胜的，更多的是凭借实力、能力还有控制力。

成功人士是不会轻易暴露自己的情绪的，尤其是他们的眼泪，不会在众人面前流下，不是因为他们没有感情，不是因为他们不知道流眼泪，他们只是将眼泪流在别人看不到的地方。

很多人经常会感情用事，尤其是会让感情影响到自己的工作，这样的做法是很危险的。当自己沉浸在悲伤的情绪中时，工作肯定不能专心致志，因为带有太过强烈的情绪，所以，自己的工作质量可能会不高。这种时候，我们的顶头上司可能会因为我们工作质量的不如意而批评我们，本来不好的情绪，在上司的训斥下，更容易爆发，这样一来，自己接下来的工作该如何进行。所以，工作的时候，一定要将自己的私人情绪抛开，不要让私人情绪影响到工作。

经常流泪，虽然是我们的感情冲动所致，但是这样丰富的感情其实也是我们的弱点，很容易成为竞争者拿来攻击我们的撒手锏。对方一旦识破你是个感情用事者，就会故意激起你强烈的情绪，让你在感情冲动时，做出很多让你以后后悔的决定。

很多时候，流泪显示的是人的无助，一个坚强的人，是不允许自己认输的，于是他们会将眼泪流在心里，将自己的坚强、不认输写在脸上。流泪是最没有用的解决问题的办法，当我们将眼泪流干了，还不去想办法，那这样的流泪又有什么作用，于事无补的流泪只会证明我们的无能和无用。所以，我们应该学会坚强，坚强地面对人生中的风风雨雨，只有经过这些风雨的磨炼，我们稚嫩的心才会变得坚强，我们才能身经百战，才能在人生的路上走得顺畅。

学会控制我们的情绪，学会用坚强来打磨自己脆弱的心，当经受了足够的历练后，我们的明天会更精彩。

第十章 20岁后要懂礼守礼讲人情

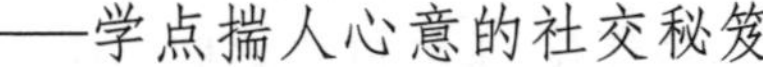

——学点揣人心意的社交秘笈

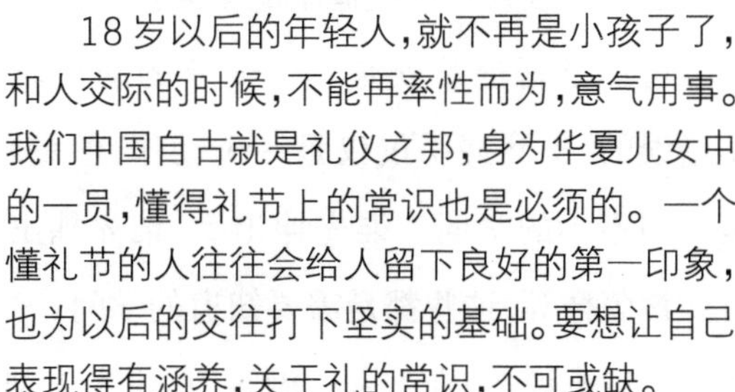

18岁以后的年轻人，就不再是小孩子了，和人交际的时候，不能再率性而为，意气用事。我们中国自古就是礼仪之邦，身为华夏儿女中的一员，懂得礼节上的常识也是必须的。一个懂礼节的人往往会给人留下良好的第一印象，也为以后的交往打下坚实的基础。要想让自己表现得有涵养，关于礼的常识，不可或缺。

握手这个小动作，蕴含着大玄机

18 岁以后的年轻人要进入社会，开始自己社交的生涯，为了让自己的社交更成熟、更自然，就应该知道一些社交礼仪的常识。握手现在已经成为人们相互交往很重要的一种礼仪，人们已经将握手作为了很常见的见面礼和告别礼。作为年轻人，应该知道一些握手的学问。

我们很多人，可能觉得握手就是一个简单的动作而已，没有什么复杂的，这种观点是错误的，虽然握手仅仅是一个动作，但是真想将握手运用地恰如其分，却是一门不小的学问。谁先伸出手，谁先抽出手，握手的力度应如何，握手的方式该怎样等，这些都是需要知道的学问。

握手的顺序：一般来说，到别人家中做客时，主人先伸出手；和女士握手时，女士先伸出手；和长辈握手时，长辈先伸出手；和上级握手时，上级先伸出手。

握手的动作方式：一般是站着握手，握手时应该用右手；握手的时候，应该注视着对方，并向对方微笑致意；握手的力度要适当，尤其是在和女士握手的时候，如果力度太大，很容易握疼对方；和女士握手的时候，一般只握对方的手指部分，不要握得太久。在一些隆重场合，握手的时候，还可以上下摇晃几下，记住这个摇晃仅仅是上下摇，不能左右乱摇。

握手的场合：在大庭广众之下，比较严肃的场合时，握手应该彬彬有礼，不能动作粗暴，不能草率行事。如果对方和自己的感情比较深，或者双方都是很熟悉的关系，握手的时候可以随便一些，不用太拘束。此外，当别人主动向自己伸出手时，当做没看见或者是拒绝和对方握手是很不礼貌的。在被人介绍与人相识时，应该主动伸出手和被介绍人握手。在社交场合或者和朋友久别重逢时，应该上前主动和别人握手，向对方表示自己的欣喜和问候。当有客人到来时，应该主动向对方伸出手，向对方表示自己的欢迎。送客人走或者是拜访结束时，应该和他人握手告别。当向别人表示祝贺或恭喜时，也应该用握手表示对对方的祝贺。

和多人握手时：如果要和很多人握手，一般来说是有个先后顺序的，一般来说，是从对方距离的自己的远近来定，握手应该由近及远，逐一握手；如果握手的对象和你的距离是大体相等的，这时就应该先选择年长的，或者是和自己感情较深的人，作为先握手的对象；如果握手的人中有女士，那应该先握女士。在官员接待的场合，对方的级别就是握手的顺序。切不可因为握手的人中有自己的顶头上司，就忘了握手的礼仪，只看到了上司，看不到其他人，直接跃过很多人去和上司握手，这是很不礼貌的。不管是和多少人握手，交叉握手是不允许的。

握手的避讳：和他人握手时，如果是男士，应该脱去自己的手套和帽子，如果是女士，在天冷的时候，可以不用脱去手套。握手本来就是交流感情的一种方式，所以，在和别人握手的时候，应该注视着对方，同时脸上应该有相应的表情。心不在焉、日光游移这是不礼貌的。长时间握着对方的手，或者是在和别人握手的时候，出手太慢，都是不应该的。和别人握手后，不能用手帕擦拭双手，这是鄙夷对方的一种做法。和别人握手的时候，如果自己的手上潮湿，可以向对方点头致意，并说明自己不和对方握手的原因，否则很容易让对方陷入尴尬。

希望我们每个人都能学会握手的学问，并在以后的交往中，用好的握手方式换得别人对我们的好感。

懂些寒暄的讲究好处多多

和人打交道，寒暄是必不可少的，现在人们之间的寒暄，已经不仅仅是交谈的开场白，它更是人们增进彼此感情的一种交流方式。

寒暄是人们见面时的相互问候，是对对方的礼貌和关心，好的寒暄话语，既让对方听得高兴，自己也会说得开心。好的寒暄话语，能让熟人增进感情，能让陌生人之间架起沟通的桥梁。作为刚开始社交的我们，应该学会如何和人寒暄。

一个善于社交的人，短短的几句寒暄话，就能将对方说得心花怒放。而一个不善于社交的人，说出的寒暄话，不仅不能让对方高兴，甚至会让对方一肚子火气。比如公司的一个同事穿了件新衣服来上班，善于交际的人，看得出款式的过时，同时看出的是，对方穿在身上的合体，于是他会很热情地向对方表示祝贺："新买的衣服啊？你穿在身上可真合身，就像给你量身定做的。"听完这句话，对方肯定会满心欢喜。而不善于交际的人，则会说："你这衣服的款式早过时了，我觉得你买的这件衣服真是不值。"对方听了不仅会不高兴 ，甚至还会反驳他："你的眼光就好了，也不照照镜子，看看自己的品位。"这样一来，双方的关系，可就直接恶化了。

由此看来，寒暄直接影响到人们的相处。会不会说寒暄话，也会直接影响到人们之间的关系。对于刚开始社交的我们来说，如何让自己变得会寒暄呢？

寒暄是为了向对方表示礼貌，首先我们应该尊重对方，就算对方的身份没有我们高，向对方说声"早上好"，对方一天都会是好心情，对方的回馈，同样会让我们也有个好心情。

寒暄应该是自己真实情感的流露,不是故意应承对方。就算是两个陌生人见面,微笑着说声你好,也会消除彼此之间的隔阂,更不要说认识的两个人了。对别人的寒暄应该是真诚的。善交际的人不管是和谁寒暄,总会让自己表现得很真诚,因此他们的人缘特别好,不会得罪任何人。如果和谁关系不好,就对他爱理不理,这样的寒暄方式只会让别人更加反感。所以,我们在和别人寒暄时,不管对方和自己的关系是怎样的,只要自己是诚心诚意,对方就不会不领情的。

寒暄不是走形式,不是做样子,而是诚恳地打招呼,所以寒暄时一定要说好寒暄话。没有人喜欢听别人对自己的指责,也没有人喜欢一个人上来就打击自己。一个善交际的人,之所以会说寒暄话,不只因为他会恭维人、赞美人,而是因为他会揣摩人们的心理,对方不高兴的时候,就安慰对方;对方失落的时候,就鼓励对方;对方意气消沉的时候,就给对方加油。就是因为他的寒暄正说到了对方的心坎上,所以人们才喜欢和他交往。

要想让自己的寒暄有水平,就应该多了解对方,知道对方的心理,揣摩好自己的寒暄话。一味的说实话,对方也未必高兴。适当地说些赞美对方的话,对方可能更愿意接受。这个赞美话也是有限度的,首先要根据实际说,不切实际的赞美话,只能让人反感,说了还不如不说。要想让对方对你产生好感,就要从对方的角度选择谈话的主题,根据对方的情况,说些切合对方心意的话。

18岁以后的年轻人,现在要做的是和别人搞好关系,以便建立对自己有帮助的人脉,就算对方和自己成不了朋友,也千万不要让对方视自己为敌人。

做好细节,细微处最能体现素质修养

细节往往会反映一个人的人品和修养。已过 18 的成年人,可能刚刚走出学校的大门,或是即将走出学校的大门,步入社会这个大学堂。是否真的学到了东西,是否真的懂得了人生的智慧,细节会显现出来。

刚进入社会的我们,要想给别人留个好印象,就应该将自己的眼光盯在细节上。一个人在细节上所彰显出的礼仪和修养,往往会直接反映出这个人是不是真的有学问。相较来说,一个有文化有知识的人,往往更注重自己在细节上的表现。一个能成大事的人,往往都是将细节做到极致的人。老子曾经说过:“天下大事必作于细”,意思就是做大事必须从细节上的小事做起。不管是在生活还是在工作中,要想做成大事,应该从小事上着手,在细节上下工夫。细节往往最能反映一个人的学识和修养。

一家公司在招聘员工的时候,看中的就是应聘者在细节上的表现。很多人都没有被录取,他们一进门就和主考官侃侃而谈自己的想法,自己的学识,以及自己未来的抱负。最后一个应聘者,走进房间,看到地上扔着一团纸,于是他捡起纸团,正打算将其扔进垃圾楼里时,主考官微笑着对他说:“请打开纸团。”上面写着:你已被公司录取。其他的应聘者谁都没有去在意这个细节,就是在这个细节上的表现让他们和成功擦肩而过。一个小细节都不屑于做的人,又怎么可能会有大的成就呢?

我们很多人可能不知道如何将细节做到极致。细节往往是那些让人们容易忽视的习以为常的小事,说话的时候是否经常打断别人的思维,开门的时候是否轻开轻关,上电梯的时候是否不顾别人,在车上打电话的时候是否肆无忌惮地大声嚷嚷……就是这些不起眼的小事,将我们的学识和修养暴

露无疑。要想让自己注意到这些细节,并在这些细节上彰显自己的素养,最有效的方法就是将每个小细节每次都做好,并让它们成为习惯。将细节做得出色的人,才是能担当大任的人。作为刚进入社会的我们,应该如何将细节做好呢?

首先端正自己的观点,自己在细节中的表现往往会影响到其他人:比如随地吐痰,自己是舒服了,但是细菌和病毒的传播,很容易让其他人得病。随地吐痰,还影响市容,别人看见了也不舒服。由此可以看出小细节一样会影响其他人。

凡事做之前考虑一下他人的想法:如果自己不知道如何将小细节做好,可以站在他人的角度上,思考自己这件事的做法是不是会影响他人。如果得的结果是会让他人反感,最好的方法就是中止自己的行为。

多了解细节上的礼仪:吃饭的时候,不要弄出什么声响。请他人帮忙的时候,注意用上礼貌用语,"劳驾您……""麻烦您……",别人帮助了自己,要记得说谢谢。打电话的时候,注意礼貌用语,等对方挂断电话后,再将其挂断。和别人交流的时候,不能爆粗口,这是很影响对方情绪的。和别人交往之前,应该有个准确的称呼,不能因为对对方不屑,就随便用个不雅的字号称呼别人,比如看到老人,直接称呼老头,这是很不礼貌的。

生活中的这些小礼仪,我们大多学过,但很多人不屑于去遵守,在生活中经常是自己想怎么干就怎么干,殊不知,这不是在表现我们的个性,反而会让别人觉得我们是没有礼貌和修养的人。

细节虽小,但是包含得很多,将每个细节都做到极致的人,怎么不成就大事业呢?

送礼要懂得把握时机，才能达到效果

赠送，在人际交往中起到了非常重要的作用。18 岁以后的我们，以后经常会和别人打交道，要想增进彼此的感情，适当地向对方赠送东西是一个很好的方式。

成功的赠送，能向受赠者恰到好处地表示出自己对他的友好、敬重和其他特殊的情感。我们中国自古就讲究礼尚往来，别人赠送给自己东西，我们一定要予以回赠，这既可以增进双方之间的交往，也让受赠者留下了深刻印象。所以，作为年轻人，不仅应该知道送礼的恰当时机，也应该知道回赠别人礼物的时机。

送礼应该掌握好时机，过早还礼，会让对方觉得这是在进行等价交换，甚至会让对方觉得这是在故意和他划清界限；如果回赠的时间拖得太长，尤其是当事情过去了好久，再想起来还礼，效果可能会不好。所以，我们在给别人送礼的时候，应该掌握好送礼时间。

我们在给别人送礼的时候，应该考虑到对方的时间安排，比如要给某位领导送礼物，就应该先通知对方，不能太唐突。拜访的时间应该安排在早上十点左右，周末人都有睡懒觉的习惯，去得太早可能会影响到对方的休息。拜访的时间尽量不要超过 11 点，因为 11 点以后，人家要准备午餐，尽量不要在对方家里吃午餐。如果是下午拜访，拜访的时间最好是 4 点左右，因为很多人可能有午休的习惯。如果没有被盛情邀请，最好不要在对方的家里吃晚餐。

送礼应该讲究时机，不要因为自己高兴，就直接去给对方送礼物，我们送得倒是满心欢喜，对方收礼的时候，可就疑惑了：他为什么要送给我礼物？

很有可能拒收我们精心准备的礼物。所以,我们在给别人送礼物的时候,应该掌握好送礼的时机,不能太唐突。

节日、生日、婚礼、对方升职,都是很好的送礼时机,这时候的礼不仅不会让对方感到唐突,也容易让对方接受。有些西方的节日在我们国家现在也开始流行,比如西方的圣诞节,很多小孩子将这个节日当成是自己收礼物的时机,认为这是圣诞老人给自己的礼物。所以像这种节日,我们也可以利用起来。不仅如此,当对方生病住院时,也是一个送礼的好时机,这时的送礼,就相当于看望对方了,对方不会觉得太突然。

给别人送礼,要想让对方接受,不仅应该注意送礼的时机,还应该注意自己拿出礼品的时机是否合适。很多人在拜访结束的时候,才想起将自己的礼品拿出来,这时候,主人因为客套很容易不收礼。拿出礼品的最好时间应该是在进门寒暄几句之后,就将自己的礼品拿出来。如果在此时,没有将礼品送出去,就可以等到坐定之后,主人倒茶的时候,送上自己的礼品。这样做不仅不会让对方扫兴,还会多了一个聊天的话题。主人在这种时候,一般不会拒绝。

我们在进入社会后,不仅会给别人送礼品,别人有时候也会给自己送礼品,像这种情况,自己应该如何回礼呢?

首先别人送给自己的礼品,自己不能立即就给人家送回去,对方肯定会误解。要想回礼应该选一个和对方礼品价值差不多的东西,然后选择一个合适的拜访理由去回礼,千万不能唐突地仅为还礼而去。选择对方生日或者是某个节日的时候,给对方还礼较合适。

希望我们每个人在进入社会后,都知道送礼的学问,不会因为自己的无知,而让自己尴尬。

送礼物不只是送东西，也要表达好自己的意愿

18 岁以后的年轻人，仅知道选对送礼时机还不够，关键还要送对东西，如果仅仅是送上东西了，就觉得自己的任务完成了，自己的心意达到了，对方一定会满心欢喜，这样的想法是否正确呢？

单纯送上礼品，对方可能会不接受，因为没有任何理由，但是如果在送礼的时候，同时送上自己真诚的祝福或者是自己真心的安慰，对方可能会更容易接受。也就是说，我们在给别人送礼的时候，也应该注意精神上的赠送，要注意精神和物质相结合。有时候，小小的礼物，经送礼者一说，对方可能就会觉得这个礼物确实很有纪念意义，因此而心花怒放。

所以，刚进入社会的我们，应该学会说一些送礼时应该说的话，物质上的礼品是自己对对方的心意，但是精神上的言语，却更能表示出你对对方的情意和敬重。

别人生日时，一般都会说："生日快乐"，别人新婚时，一般都会说："百年好合"，这些话都会让听者欢心，说者高兴。如果自己送上了礼品却说一段不和场景的话，往往会扫了对方的兴致，惹得对方一肚子不高兴。

李小姐是一家公司的白领，前几天，是她的生日，因此邀请了同事们聚餐，李小姐在席上收了一份让她很不满意的礼物。一位同事送给李小姐一个新型的 MP3，可他高高在上地睥睨着李小姐说道："这个礼物很贵重的，你用得来吗？"一句话让李小姐非常难堪。但是因为众人在场，怕扫了大家的兴致，李小姐将心中的不满压了下来。虽然生日已经过去了好几天，但是这种语言上的伤害却一直在刺痛着李小姐。

送礼物是向对方表示自己的祝福和敬意，不是向对方表示自己的不满

和歧视。物质上的东西虽然很重要,但是语言上的礼物更重要。作为刚进入社会的我们,要想给别人送礼,不仅应该注意自己所选礼物的合适,还应该注意到自己语言上的礼物。送礼时,说的话好听,会让礼物更有价值。说的话不好听,就算礼物再让对方满意,对方也会将你拒之门外。就像上例中的李小姐,假如她不是个顾全大局的人,可能会直接将礼物摔倒对方的脸上,这样一来,双方之间连最基本的同事都没法做了。所以,李小姐让自己忍下了那口怒气。

我们要想让自己在给别人送礼物时,说的话也让对方高兴,应该注意以下几点:

(1)送礼时,应该注意态度、动作还有语言的表达。尊敬对方的态度,加上落落大方的动作,再配上恰当的语言,往往会让受赠方有如沐春风的感觉。向对方介绍礼品时,应该强调自己对对方的好感和情意,而不是将礼品的价值放在嘴上,时时提价值,会让对方产生反感。我们可以这样说:"这是我特意挑选的礼物,希望你能够喜欢。""礼物虽然不是很贵重,但是却表示出了我对你深深的情意,希望我们的友谊能够地久天长。"适当的话语能够让对方开心,但是如果说的话太过自谦,反而会让对方不高兴,比如我们向对方说"礼物细微"、"微薄小礼,不成敬意"这样的话,也要视情况而定。

(2)送礼的时候,不要选择那些有影射性意义的东西,很容易让对方误解。同时说话应该得体,不能说些丧气话,比如,自己送上东西,直接说:"也不是什么好东西,凑合着用吧。"对方肯定不高兴。说这样的话,还不如说:"礼物虽小,但是却代表了我对你的敬重和谢意。"

(3)应该根据对方的身份说话,假如对方是个知识分子,就应该多多注意自己说话的艺术,在和学历低些的人交流的时候,就应该注意语言的通俗,不要让对方听不懂。

礼物要选得贴心有品质

我们在和别人交往的过程中,有时候送给别人一些小礼物,可能会让双方的感情更融洽,既可以向对方表示自己的敬意和友好,也能让对方更好地接纳自己。要想通过礼物表示自己的尊敬和友好之情,重要的就是应该送给对方让他心仪的礼物。

但是礼物的种类让人眼花缭乱,随便挑选一件未必就能表达出自己的心意,精心挑选的礼物未必就会得到对方的喜欢。虽然这件礼物自己费尽心机才将其挑选出来,可是对方未必如意,也许对方很久以前就得到过同样的礼物,也许对方根本就不喜欢这种礼物,这时候就让赠送者尴尬了:礼物并未得到对方的欣赏和认可。要想在送礼物的时候不经受这样的尴尬,就应该在平时仔细留意对方中意什么礼物。

作为年轻人,因为在社会上打拼的时间还不是很长,所以很多时候可能不是很清楚应该送给对方什么样的礼物,以示自己的心意。为了使礼物让对方更有好感,最好的方法就是从对方不经意的话中分析出对方心仪的礼物是什么。然后再将其作为礼物送给对方,这样的方法既可以显示我们是个有心人,也可以让对方接受得满心欢喜。

我们在和别人交往的时候,应该做个细心人,和对方交流的时候,应该会听对方的话,把那些无关紧要的话都自动滤过,如果是一些牵扯到对方喜好的话时,应该多加留意。比如一个同事和我们在逛商场的时候,当看到她喜欢的服饰,她可能会说:“这件衣服真的很有品位,做工也很细致,材料也很精细,真是件好衣服。”那么在她生日的时候,或者是其他宴会的时候,你可以将这件衣服买下来送给她,相信她会十分高兴。

一位刚进入公司不久的小伙子，在他工作的第二个月，正好赶上了公司老总的生日，老总已经决定要在那天请全体员工聚餐，每个人都想在这种时候和老板套套交情，为了表示自己对老板的心意，每个人都在暗中精心挑选着送给老板的礼物。作为新人的小伙子当然也不例外，但是在送什么礼物的问题上，小伙子困惑了，送个太贵重的，自己买不起；送个便宜点的，自己脸上无光。就在他犹豫的时候，他突然想起上次在经理办公室看到老总正在看《论语》，而且，当时老板还说，自己有时间的话一定要去买下全套的《论语》。因为时间安排的比较紧，再加上公司的事情多，老总始终没有抽出时间去买，小伙子想到现在不正是时候吗？于是他兴冲冲到书店，挑了本装帧精美的《论语》，以及《<论语>心得》，准备将它们一起送给老总。生日聚餐的时候，同事们轮流向老总送礼物，老总看着送的礼物，多是微微笑着说："谢谢。"当看到小伙子送的礼物时，老总非常高兴，在老总看来，这件礼物是最有价值的了，他一连说了好几个谢谢。在以后的工作中，老总越来越欣赏这个小伙子，因为他发现这个小伙子是个很细心的人。

礼物的贵重与否往往不是衡量一个礼物是否有价值的标准，关键还是收礼人的感受。礼物再便宜，只要是收礼人心仪的东西，当他收到礼物的时候，一定会喜上眉梢。再贵重的东西，一个"不喜欢"一样可以让它丧失所有的光芒。所以，尤其是年轻人，在社会上打拼的时间还不是很久，要想让自己的礼物得到对方的喜欢，就一定要多多打听对方中意的是什么东西，对方一句不经意的话、一个留恋的眼神、一个爱抚的动作，都能泄露出他内心的秘密，只要我们仔细揣摩，就一定能发现对方中意的礼物。将其悄悄买下送给对方，对方肯定会特别高兴。

希望我们每个人在送礼物的时候，都能送出让对方满心欢喜的礼物。

下篇

20 岁后不可不懂的做事策略

第十一章 20岁后懂得和上级打交道

——助事业成就辉煌的做事策略

学业结束的年轻人，很多都进入职场，开始了自己一生中最持久的职场生涯。职场是一个复杂的小社会，很多人在此成就了自己。一个想让自己在职场实现飞跃的人，首先应该做的就是和上司处好关系。和上司之间的相处，往往是年轻人实现飞跃的跳板，相处得好，会前途无量；相处得不好，可能就会受到影响，难以实现梦想。所以，要想让未来的我们出人头地，一定要和上司处好关系。

做一个让上司信任的人

18 岁的年轻人即将步入社会，开始自己的职场生涯。几乎每个人都希望自己能够在职场上一展拳脚，成就大业，为了能够实现这个理想，我们首先应该让自己在职场上学到本领，在职场上站稳脚跟，然后再逐步实现理想。

年轻的我们，要想在职场上站稳脚跟，不仅应该搞好和同事的关系，还特别应该处理好和上司的关系。要想让上司对自己更加赏识，首先应该让上司信任我们。

作为刚进职场的我们，可能还不清楚，自己应该如何做才能和上司搞好关系。首先我们应该揣摩透上司的心理。身为上司，肯定希望下属是支持他、爱戴他甚至是拥护他的。没有人喜欢和一个老是和自己唱反调的人交往，也没有人喜欢和一个老是指责自己的人交往，尤其反对自己的人还是自己的下属。历史上的名臣，之所以能在史上有所建树让大家铭记，他们首先具有的智慧就是衷心拥戴他们的“主子”，得到了“主子”的信任，最终在史上有所作为。

想让上司更加信任我们，不是说说就可以的，这表现在工作的一点一滴中。首先我们需要知道，做上司的粉丝不是盲目巴结他，我们首先应该尊重上司。我们的上司之所以能做到上司的位置上，其他人不可以，不是因为他能力强一步步的走上来的，就是因为他的关系深。而这些东西都是我们所不具备的，所以，我们首先应该尊重他，才能让自己在今后的工作中拥护和支持他。如果我们上来就看不惯老板，认为他就是因为有关系才上去的，在工作中对他也不是很尊重，可能一开始这种做法不会有什么后果，时间一久，吃苦头的只有你一个人。

有人曾经对职场上的人做过这样一个实验，让他们选出一种动物来代表上司在他们心中的形象，有人选择了猪，因为他们认为上司蠢得像猪一样；有人选择了狐狸，因为他们认为上司像狐狸一样狡猾；还有人选择了蛇，因为他们认为上司像蛇一样冷血……不管怎么样，很多人都认为上司是不如自己的人，于是为了发泄心中的怒气，很多人喜欢在上司的背后说他的坏话，殊不知，这是个很危险的行为，这些话一旦传到上司的耳朵里，这辈子自己就别想翻身了。尤其是刚入职场的我们，自己还未在公司站稳脚跟，因为背后说上司的坏话，很容易就此被解雇。背后说人坏话的事不要参与，就算是要说，也尽量说上司的好话，这些话就是传到上司的耳朵里，也是对自己有利而无害的。

做上司的粉丝，不是因此就变得毫无原则，对上司所做的任何决定都严格遵守，上司也有犯错误的时候，找个恰当的时机，用温和的语气向上司提出自己的建议，不要咄咄逼人，我们可以这样说："对于你做的那个决定，有个小地方我有个其他建议，不知道会不会对工作有所帮助。"这样一说，对方自然会心领神会。不要在大庭广众之下指出领导的错误，否则，就算自己的建议很有效，也是不会被采用的，因为自己行为的冒失，不仅会失去了上司对我们的信任，同时失掉的可能还有光明的未来。

作为刚进职场的我们，很多人可能还不是很清楚职场之道。自己的未来会不会光明，不仅需要自己的努力，更需要的还有上司的赏识和重用，很多人之所以一直得不到升职，往往是因为他不知道如何得到上司的信任，总是和上司对着干，结果往往是事与愿违。

希望我们每个人在进入职场后，都能做个让上司信任的员工。

毛遂自荐引起上司的注意

18岁以后的年轻人，即将进入职场，职场毕竟不是学校。在学校里学业成绩突出，自然会得到家长和老师的喜欢。在职场却不是如此，因为这里面不仅有个人的能力、努力问题，还有机遇问题。

作为刚进职场的年轻人都希望能够得到老板的关注，以此来获得机会，让自己大展拳脚。如果在职场上空等机遇的到来，只会让人越等越失望。现在这个社会，机会不是等来的，而是自己争取来的，如果我们只知道等机会，就会让别人捷足先登。所以，我们要想引起上司的关注，最有效的方法就是学会适时推销自己。

进入社会、进入职场的年轻人，应该如何更好地向上司推销自己呢？

刚刚进入职场的我们，可能以为只要自己尽职尽责的工作，加上自己的敬业精神，肯定能够得到上司的赏识和重用。这种观点是行不通的。上司身为公司的领导，每天的工作非常繁杂，无暇顾及到每一位员工，所以，如果我们以为上司总会看到我们的表现，一直空等上司的赏识，那肯定是行不通的。现在社会的人才竞争激烈，在这个人才济济的时代，要想让自己尽早得到上司的赏识和关注，就应该主动向上司展示自己的才华。

首先认真对待自己的工作，不管工作的大小，任务的轻重，我们首先应该具有的是认真的态度，认真对待自己的工作，有始有终的完成自己接手的每项工作，用心去做每件事。如果轻视或者是看不起自己所从事的工作，那么就算工作再简单，可能也会因为一时的大意或疏忽将工作搞砸。

既然想让上司更加赏识我们，就不仅应该做好分内的工作，还应该注意到和工作相关的一些事宜。比如多留意和老板接触的时间，如果自己遇不到这种机会，就应该积极地制造这种机会，多和老板在同一时间乘坐一个电梯，参加一个活动……多制造一些和老板相识的偶遇，向老板展示自己文雅的谈吐、彬彬有礼的风度和有创意的想法。相信一段时间后，老板会欣赏到你的才华。

有个小伙子在个工地上做临时工，他看见很多人都穿着蓝色的工作服，根本就分不清谁是谁，为了让上司更好地注意到自己，他穿的工作服是自己花钱买的，一身大红颜色的工作服，这在其他工友当中非常显眼。有一次，

老板到工地上来视察，不知道该怎么称呼这些人，也分不清谁是谁，正当他有事想要找人帮忙时，于是看到这个穿红衣服的人，直接喊道："穿红衣服的小伙子，你过来。"小伙子出色地完成了老板交给自己的任务。几次下来，老板每到工地，总是将穿红衣服的人叫到自己的身边，让他陪同自己参观工地。后来这个小伙子因为头脑比较灵活，成为了这个工地上的建筑经理。

作为刚进入职场的我们来说，因为自己的社会经验还不是很多，工作的时间也尚短，要想让老板注意到自己，首先应该让自己的工作能力得到大家的认可，兢兢业业的艰苦奋斗者未必会得到上司的欣赏，但是一个做事三心二意、整天朝三暮四的人，一定会让老板反感。所以，想让上司赏识你，工作能力强，始终都是硬道理。

当然，除了兢兢业业的工作，我们还应该学会让老板知道自己的付出。自己辛苦工作不难，难的是让上司看到，所以，想办法增加自己和老板接触的机会。要想让上司能最快的赏识到我们，我们还应该注意自己在平时的修养，多增加自己的含金量，多和人交流，一个见到上司激动地连话都说不全的人，又怎么可能会显示出自己的才华呢？

人人都可以成为推销员，因为当你和别人打交道的时候，就是在推销自己。让上司赏识自己，其实也是在向上司推销自己的才华和能力，只要自己的确是有真本事，一经推销，肯定会成为上司得力的手下干将。假以时日，我们肯定也会在上司的培养下，有所作为。

希望每个刚进入职场的成年人，都能让自己的职场生涯有个好的开始。

推功揽过，让上司把你当作自己人

18 岁以后的青年人一旦进入社会，要想尽早在公司站稳脚跟，就应该让自己表现得大度一点，大度的人，人人都喜欢和他交往；小气之人，则是人人都躲闪不及。为了让自己更好地融入到同事集体中，就应该让自己学会推功揽过。

很多人在职场上，为了让自己的职场生涯更顺利，为了让自己能够升职，经常的做法是揽功推过。所以职场上的明争暗斗屡见不鲜，更不乏尔虞我诈。比如有些人总是会将别人的功揽到自己的身上。但我们应该深知一次的成功，可能会让他们风光一时，但是时间一久，所有人都会知道他能够得功的原因，于是同事会防着他，上司会不信任他，客户会远离他，久而久之，这样的人最后的下场可能就是卷铺盖走人。为了让自己不以这样的悲剧离开公司，作为刚进职场的我们，应该学会推功揽过。

进入职场后，上司尤其是自己的顶头上司，对自己的作用往往是最大的，如果他赏识你，你很快就能得到发展；假如上司对自己的印象不是很好，处处都给自己出难题，那未来可就很难想象了。所以我们要想办法给上司留个好印象。将自己的功劳推给上司，将上司的过错揽到自己身上，不失为一个很好的方法。

首先将自己的功劳推到上司身上，这也是应该的。自己在公司的时间还不是很久，在短时间能做出一番成绩，少不了的就是上司的关心和照顾，尤其是很多工作是需要上司认可的，很多资源是需要上司提供的，自己可能仅仅是这项工作完成时的最后一个过程，因此将功劳推给上司也是情理之中。

其次，不要以为将功劳推给上司，就会显得自己没面子，甚至以为自己是白忙活了。其实不然，很多时候，我们担负的责任仅仅是一小部分，如果出现了问题的时候，让我们完全担负这个责任，我们也会觉得不公平。如果我们出错了，公司的领导往往先找的人不是我们，而是我们的顶头上司，那么当我们有功劳的时候，对方也应该得到一份赞扬和褒奖。当上司因为我们的的工作表现而受奖励的时候，我们也会从中获利，上司可能会直接向公司的某个部门推荐我们，或者是间接地给予我们奖赏。

而当出现错误的时候，如果的确是自己的错误，那应该积极揽下来。自己身为下属，如果自己的过错让上司来承担，就算上司口头上不说什么，但你在上司心中的印象定会大打折扣。将过主动地揽到自己身上，一是敢作敢当勇气的彰显，一是大度风格的体现。人们都喜欢的是人前有功的风光，鲜少有人敢承担过错的狼狈。敢于承担过错，不是证明自己能力差，而是为了让自己更好地进步。上司出了过错，很多时候，可能会因为自己的地位关系，在众人面前不愿承担自己的过错，如果这时我们敢于承担，那么在日后的工作中，上司肯定会让你得到相应的补偿。

揽功推过的人，往往会在工作中为自己树立敌人，而推功揽过的人，却能为自己身边聚集更多的人，不仅有上司对自己的赏识，也有同事与自己的和平相处。推功揽过是一种勇于担当的精神，是一种做大事的风度的彰显，一个连过错都不敢担当的人，又怎么会经得起失败的考验和磨炼？一个善于将功推给别人，将错揽到自己身上的人，定是一个能容人、能屈能伸的大丈夫。

作为刚进入社会的我们，要想给上司留个好印象，就应该学会推功揽过的精神，拥有这种精神，既能让自己在职场上站稳脚跟，也能让上司更器重自己，还能让同事更接纳自己。

顾及公司利益，给上司留下好印象

作为刚进入职场的年轻人来说，要想在众多的同事尤其很多比自己更有经验的老同事中脱颖而出，着实不是一件很容易的事。比资历，自己不如他们的资历深，比经验，自己初涉职场，经验几乎为零。众多不利的因素很容易让我们成为上司忽视的对象，要想赢得上司的信赖和器重，就得另辟蹊径。

要想让上司对自己印象深刻，我们就应该有值得上司信赖的地方，资历和经验是弱点，但是态度就可以成为自己发挥的地方了。一般人在进入职场后，会有两种工作态度，很多人认为自己进入职场是为老板办事，自己只要办好分内的事情就可以了，于是很多问题明明可以做得更好，但是因为自己的懒惰，可能就会止步不前。而另外一些人，会站在公司的角度上考虑问题，以公司主人的态度来对待自己的工作，出发点就是公司，而不是个人，做出的工作也会对公司更有利益，这样的做事方法很容易让自己成为上司注意的对象。

有些人经常在公司做私事，用着公司的电话打私人电话，用着公司的打印机打印私人资料，很多时候，还在上班时间就已经神游天外，这样的工作态度能有什么样的工作效果，想想就知道。因为他们对自己的工作要求不是很严格，所以只要工作说的过去，只要不影响到自己的工作业绩，至于其他工作之外的东西，他们根本就不会让自己花时间去想。为什么会有这样的工作态度，就是因为他们始终都认为自己的工作全都是为了老板，自己工作得再出色、工作得再努力，最终受益的只有老板一个人，所以他们不会积极主动地工作，下班时间一到，立马起身走人。就是因为有这样的工作态度，所以他们自上岗以来，没什么变化，从事的还是那份工作，拿的还是那点薪水，一直都是原地踏步走的状态。

作为刚进职场的我们，要想让自己能尽快的在公司领导的面前崭露头角，就应该摒弃这种态度，而以公司主人翁的意识来看待问题，让自己站在公司的角度上思考问题。这不是让我们以老板的态度自居，而是用老板的思维来考虑问题，不要仅仅将眼光局限在自己分内的工作上，我们应该经常这样想："要是我是老板，我应该怎样解决这个问题，才是对公司最有利，能让公司赚得利润？"

一个成功的经理人说过这样一句话："除了那些含着金汤匙出生的富二代，绝大多数的老板都是从打工做起来的，而一个人打工时的心态是决定这

个人日后是否能成为老板的一个关键。”在社会上打拼的有无数的打工者，很多人一辈子都是在打工中度过，还有些人从一个打工者变成了让人羡慕的老板，这就是差距。一个在公司总是得过且过的人，不会有大的作为，因为他始终认为自己在给老板打工，所以他发挥不出自己的积极性和主动性。而有些人就会站在公司的角度上想问题，以老板的思维考虑自己做事的价值和方法，充分发挥出自己的主动性，让自己的思路更加开阔，让自己的眼界更为宽广。

美国著名的IBM公司，对公司员工的要求就是希望每个员工都以公司主人翁的意识来工作。他们提出，每个人都是公司的主人，员工们可以主动接触公司的高层，与他们的上级保持有效地沟通，于是每个人都积极主动的将工作完成，并且每个人都有很高的工作热情。就是因为有这样的工作态度，IBM才能成为享誉全球的一个知名大品牌。

以打工的身份来对待自己的工作，始终会认为是替别人工作，但是如果以公司主人翁的态度对待工作，可能就会从公司的角度出发，让公司能够创造出更多的利润。如果我们想出的点子对公司是有利的，我们肯定也会得到上司的青睐和认可，升职也就理所当然了。

给上司留人情，要好好相处

18岁以后的青年人刚进入职场，任何事情都需从点滴学起。要想让自己的职场未来更精彩，不仅应该要和同事搞好关系，和上司的关系也应该维护好。为了让上司更加喜欢你，你可以选择在紧急时刻为上司铺个台阶。

公司上下级之间难免会发生一些冲突和矛盾，如果任矛盾一再僵持下去，就会让双方的关系变得越来越紧张，甚至决裂。作为下属的我们，应该学会在这种时刻给上司个台阶下，这样本来已有的矛盾可能会转变为更好的上下级关系。我们应该清楚的是，如果对于和上司之间的矛盾不积极想办法去化解，最后吃亏的只有自己，因为这种关系会让自己的职场之路布满鸿沟，所以为了让自己的工作更顺利，在关键时刻学会给上司铺台阶。

首先我们应该认清形势，自己毕竟是刚进入职场，在工作中出现错误也是很正常的事。如果责任确实是自己的，那就不要推脱，敢于向上司承认自己的错误，只要态度诚恳，语言真挚，上司肯定会原谅你的。如果责任在上司，这时候就应该学会为上司铺台阶，把主要责任归于自己，上司也是聪明人，相信他肯定也了解我们的心思，这样一来，双方就容易和解了。所以，我们的心态一定要大度，不能认为认错是自己无能的表现，为未来着想，现在的认错，未必就不是一件好事。

其次，主动和上司打招呼。我们肯定有这样的经验，如果和好朋友吵架了，明明意识到了自己的错误，但是双方见面的时候，还是不会和彼此打招呼，虽然双方的心里可能都想和对方和好。和上司的关系也有这样的时候，很多时候事情一过去，双方就会意识到自己的错，但是碍于面子，谁都不想主动和对方打招呼。当我们和上司处于这种状态时，应该让自己掌握主动权，主动同上司打招呼，就像事情没有发生过一样，这样还能显示出我们的大度和气魄。如果始终坚持倔强的态度，上司会对你更加冷漠。一味地坚信自己、不知道给上司留面子的人，只会让自己的路越走越窄。

再次，如果自己碍于面子，不想当面和上司和好，可以选择用打电话的方式或者是书信的方式向对方解释，和上司冰释前嫌。不管是因为自己的莽撞造成了冲突，还是因为自己言语过激伤害了上司，抑或是因为上司心情不好造成的冲突，还是因为上司对自己的怠慢让自己不满，很多小矛盾都可以通过现代通信工具来解决。用电话向对方承认错误，用书信的方式阐释自己的不对，希望得到对方的谅解，如果过错在上司一方，你的书信或者电话，自然会让他也深感内疚。你的坦诚，也许就是关系转机的突破口。

最后，学会忍让。遇事能够忍让的人，往往是胸怀大度的人，他们一般

很少和别人发生冲突。和上司发生冲突本来就是一件很危险的事情，如果处理不好会影响到我们在公司的前途。所以做个能忍让的人，可以避免和上司发生正面冲突，只要上司对自己的伤害是在自己承受范围内的，自己不妨平静的对待。如果总是小肚鸡肠，总和上司斤斤计较，会导致和上司的关系岌岌可危，这势必会影响到我们的工作。

我们在和上司的交往中，应该清楚自己始终是下级，为了让自己在以后的工作中，工作开展得顺利，最好的方法就是保全上司的面子，就算自己受点委屈，那也是值得的。只要能化解双方之间的矛盾，让上司在下属的面前保全了面子，他肯定会记得我们的这份情，在适当的时候，会补偿我们的付出的。

不跳过现有上司做越级报告

作为职场新人的年轻人，因为刚进入职场，所以对于职场上的很多经验还不是很熟悉，为了让自己以后在职场上工作更顺利，首先就应该知道一些职场禁忌。禁忌中首当其冲的就是越级报告，这在职场上是不允许的，因为这样会造成很严重的后果。

公司作为一个有组织性的机构，应该是逐级进行管理的，我们进入公司后，应该都有直属上司和顶头上司。越级报告就是越过直属上司直接和顶头上司报告，直接和顶头上司说明看法和建议，这无形中就伤害到了直属上司。

越级报告是一种很危险的行为，容易有损自己的前途，同时也让直属上司感到了不被尊重。假如事情过去了，你还是在直属上司的管辖下，在今后的工作中，就算他不解雇你，可能也不会对你委以重任了。

李小青大学毕业后到某报社文艺部工作,担任副刊编辑。因为他毕业于专门的广播学院,所以他的专业知识非常深厚,才思也很敏锐,在他做编辑的时间里,他编辑发表了很多文章,这些文章很快就被一些国内文摘转载。另外,他的文笔很好,也经常为一些报刊写稿子,很快他的名字在报社就传开了。李小青在报社的名气越来越大,主管觉得李小青的存在对自己的威胁越来越大,于是开始在报社排挤他,对于他很多合理化的建议也不加采用。两人之间的关系也变得微妙起来,中间甚至有了一条难以逾越的鸿沟。李小青不仅在专业方面能力强,就是在公司的创业方面也有研究,对于报社的发展,他有很多的想法,但是因为和主管的关系微妙,所以他直接找到主编,将自己的想法和建议告诉了主编。李小青本想,凭借自己的实力和名气,肯定能得到主编的欣赏和支持。但是结果却让他大吃一惊,因为他不但没有得到主编的支持,反而还引起了主编对他的反感。后来因为自己的建议没有成功,又因为他越级报告,所以,主管对他的态度更不好,同事们也对他更加疏远,李小青没办法,最后只好离开报社。

下属直接越过直属上司向顶头上司报告,这已经破坏了公司的正常运作模式,很容易让顶头上司为难和忧虑。顶头上司面对这样的事情,往往也是两种结果,第一就是将我们的报告直接送到你的直属上司那里,让他按规程处理;第二就是顶头上司冷处理,直接忽视你的报告。这两种结果对我们来说都是不利的。一般情况下,顶头上司不可能为了成全我们的利益而伤害我们直属上司的利益,这样做是对公司秩序的维护,也是对我们的警告。另外,因为我们的越级报告,直属上司从此可能会对你另眼相看,就算本来没有什么事,现在也会对你更加警惕。因为我们的越级报告,其他的同事也可能因此认为我们是急功近利之徒,这样一来,我们在公司的前途可就岌岌可危了。

公司本来就是一个群体性的组织机构,你单枪匹马的想让顶头上司听你的,按你的做,这是不可能的。所以很多时候还是应该按照正常的流程走,假如和直属上司之间有鸿沟,可以进行坦诚的沟通,将彼此之间的问题说开了,可能过节就会消失了。

作为职场新人的我们，即使要报告，也应该逐级报告。有什么问题先向直属上司报告，这样既不伤害彼此之间的感情，也不会因为自己的越级报告，损坏了自己在同事面前的形象。所以在打报告之前，一定要三思而后行。

不要当众指出领导的错误

已经迈入成人门槛的年轻人，在和自己的上司相处的时候，还应该知道不要公开反对上司，哪怕上司的决定是错误的。

人非圣贤，孰能无过？我们的上司，也是一个普普通通的人，只是因为他业绩突出，或者是能力强、经验多而成为我们的上司，虽然是上司，也并不表示他们所作出的决定就一定是正确的。很多时候，因为不了解详细的情况，因为知识上的盲点，因为经验的不充足，也会犯下一些错误。当上司在公开场合做出错误的决定时，或者是出现了明显的错误时，我们千万不要为了显示自己的博学，直接公开地纠正上司的错误。这样做无疑是在说明：上司是不行的，上司犯错误了，这样一来，上司可能会因为我们的指正而下不来台。

职场上有经验的员工，将这样有勇无谋的指正称为是匹夫之勇。上司在不经意间出现些意想不到的错误是很正常的，任由其一错再错，肯定是不行的，但公开的指正，影响到的只能是指正者的前途，所以，有职场经验的人都会避免这种公开式的指正，因为让上司下不来台的下场有可能就是自己的卷铺盖走人。

不管是谁，如果自己犯错了别人给指出来，只要指正得合理，让自己有台阶下，那么这个人很容易改正自己的错误，并且以后不会再犯类似这样的错误。我们要想指正上司犯的错误，首先应该揣摩透上司的心理。在向上司指出错误时，不要旁征博引地指出上司犯错误的证据，这会让上司有种感觉，你在向他摊牌，是有备而来的。尽量轻描淡写地向上司指出他犯的错误，比如，我们可以这样说："今天您的决定，我觉得挺好，不过我有个更好的建议，您看看是不是更合适。"这样上司肯定会更加留意你提出的建议，也会因此发现自己当时决定的失误。这样一来，既指出了上司的错误，也不会让上司产生反感。

其次，要想指出上司的错误，应该选对时机，选对场合。人都是非常注重自己面子的，当我们选对了场合，选对了时机，往往也能很好的达成自己的目的。所谓的选对时机，就是选在上司心情好的时候，向对方提出建议。对方心情好，自然就很容易看得开，即使我们说了些让对方不是很愉快的话，上司的好心情，也会减缓这种不愉快。选对场合，就是应该避开公开的场合，公开场合人最在意的就是自己的面子问题，上司更加注意自己在下属面前的形象，如果选错了场合，就算我们指出的错误，是大家有目共睹的，上司也会为了维护自己的面子不断反驳我们。再大度的领导，也不会允许自己的下属，在公开场合顶撞自己。所以，选在一个私下的场合，这种场合，上司会更容易接受我们的建议。

选对时机和场合是指出错误的第一步，最重要的还是选对说话的方式，没有人喜欢听别人对自己严厉的指责。上司在身份、地位上都比下属高一级，所以在这种时候，我们一定要选对自己的谈话方式，先向上司说明自己的原意，自己的出发点是好的，"我是为公司着想"，"我也想为公司出点力"，"我很敬重您"，这些都是好的开场白。这些话可以使对方心情缓和，在对方缓和的时机，轻描淡写地说出上司的错误，我们可以用委婉的话来说明自己的目的，比如借别人的口吻，指出上司的错误，或者是用婉转的语言，向上司表明自己的真实观点。上司也是聪明人，在谈话中，他会听出你的真实意思，同时也会意识到自己的错误。

所以，我们在向上司指出错误的同时，一定要注意自己的指正方式，不要让鲁莽毁了前途。

第十二章 20岁后能与同事得利相处

——职场上受人拥护的做事策略

年轻人刚进入职场，还不是很熟悉和同事的相处之道。和同事的相处，往往直接影响到我们职场之路的坦荡与否。一个不会和同事相处的人，会受到同事的排挤。我们刚进入职场没多久，所以在这最关键的立足时期，一定要和同事搞好关系。懂得一些和同事的相处之道，往往能让我们迅速地建立起自己的同事缘，让同事能尽早地接纳我们。

了解办公室谈话禁忌

18 岁以后的年轻人即将离开学校进入职场，职场是个复杂的小社会，它不同于学校。同事之间的关系也不同于以往的同学关系、朋友关系甚至是伙伴关系，在职场上聊天一样不同于其他场合的聊天，在职场上的聊天话题，往往有很多不可逾越的范围。

一般来说，在职场上有四个话题是不能谈及的：家庭财产、薪水、个人隐私、野心勃勃的雄心壮志。

家庭财产：在公司里公开谈论自己的家庭富裕或者贫穷，会被认为是做作。这样做无非产生两种结果，要么是让其他人觉得你家里很富有，因此别人都会嫉妒你，于是就会在背后说很多关于我们的八卦；要么就是说我们的家里很贫穷，本想让大家同情我们，但同事可能会觉得我们这是在装穷，反而因此会更远离我们。

薪水：在职场上，人们最关心的往往是薪水的高低问题，同工不同酬在公司是很平常的事情，如果同事之间经常交流薪水的问题，就很容易引发同事之间的矛盾，而矛盾最后往往会指向老板，这往往是老板不想看到的结果。如果我们进入公司不知道这一情况，公然打听别人的薪水，当别人有意无意的岔开话题时，就不要再打破砂锅问到底了。同样如果别人问你的薪水，我们也可以故意用别的话题来搪塞他。

个人隐私：职场是个办公的环境，很多关于个人隐私的话题最好不要在公司聊。不仅不要说自己的隐私，对于他人的隐私最好也是闭口不谈，莫在他人身后议论人之是非。办公室里聊天，本来是为了缓解紧张的工作气氛，如果此时议论别人的隐私，不久自己也会成为别人口中议论的对象。同事

毕竟是同事,不是好友,如果因为彼此关系很熟,就将自己的隐私很坦诚地全都告诉了对方,今天他可能是我们的好搭档,但是,明天也许他就是你的敌人,会将你的隐私当成是他往上爬的垫脚石。职场本来就是一个竞技场,如果自己的隐私暴露的太多,给对手射中自己的机会就越多。为了维护自己的人格,不要议论别人的隐私;为了自己在职场上的安全,不要谈及自己的隐私。

野心勃勃的雄心壮志:年轻人有野心、有抱负是一件很正常的事情,有抱负才会有向上追求的动力;有野心,才会不断地严格要求自己往更高更远的目标追去。不是任何场合都可以谈论自己的雄心壮志,职场就是一个非常不适合的地方。如果你在同事之间大谈特谈自己的雄心,自己的抱负,领导会怎么想,他们肯定会认为你这是在向他们示威,或者是想表示对公司的不满。树大就会招风,这句话永远都是正确的,我们的醒目,很容易成为同事和领导嫉妒和打压的对象。所以自己的雄心壮志、野心抱负,可以说,在家说,或者是和朋友说,就是不能在公司说,这是会影响自己前途的一件事。

为了让自己以后能够在公司真正的有所作为,为了和同事更好地相处,我们就应该少提这些职场不宜的话题。让自己远离这些话题,既是保护自己,也是保护别人。将自己的办公室话题集中到那些和工作、隐私无关的事情上,或者是议议时政,或者是谈谈天气,或者是讨论社会现象,等等之类的话题任我们选择,只要避开话题雷区,我们的交谈就不会给自己的工作带来什么影响。

所以,作为职场新人,我们在和同事聊天的时候,一定要选对话题,千万别逾越了办公室话题的范围。

不要在背后议论任何同事的是非

静坐常思己过,闲谈莫论人非。意思就是人应该经常沉静下来自省,想想自己的过失,进而去克服自己身上的毛病和缺点,让自己不断去改进;在闲谈的时候,不要谈论别人的是非。作为刚进职场的青年人,社会经验还不是很多,为了让自己在和同事闲谈的时候不碰触到一些职场上的雷区,最好的方法就是不要闲谈他人是非。

职场上的很多事情都是关乎利益的,在职场上谈论自己和别人的隐私都是很不明智的一件事情。作为刚刚进入职场的我们,首要目标应该是让自己在职场上站稳脚跟,而不是通过议论别人的是非来为自己立足。

经常背后议论别人是非的人,往往是那些在职场上嫉妒心最强的人。他们见不得别人比自己强,比自己的工作业绩好,甚至是比自己的薪水高,尤其当对方是和自己条件差不多的人时,这种情况就会更甚。为了让自己的心理得到平衡,为了让自己的不满和愤慨得到发泄,于是他们就会在人的背后议论他人是非。目的就是损坏对方的名声,他们甚至以为只要自己坏了对方的名声,对方就会身败名裂,对方所拥有的东西就会逐渐散去,自己就会因此得到上司的赏识,甚至是不断得到升职。事实真的是这样吗?

人在职场经常会被他人说闲话,假如自己因为这种捕风捉影的事而耿耿于怀,就会影响到自己接下来的工作。假如自己一直纠缠于这种事情,不仅不会有什么收获,还会让自己花费很多工作上的精力,得不偿失。所以最好的方法就是冷处理,用事实来澄清所传的言论,这样的话,传言会不攻自破,传言的捏造者也会自得其辱。

作为职场新人的我们,要想让自己在职场上不招惹到这样的是非,最好

的方法就是用“静坐常思己过，闲谈莫论人非”来提醒自己。将注意力放在自己的身上，自己身上的小毛病、小错误不断寻求改正的方法，让自己的修养不断得到提升。对于别人的是非最好不要谈，在公司谈人是非，首先会影响到自己的形象，一个职场新人的任务本来就是好好工作，在职场站稳脚跟才是首要的任务，爱说别人是非，很容易得罪别人，别说想和别人搞好关系了，就是原有的同事关系可能都维持不下去了。

有些小人在职场上经常喜欢传播他人的是非，他们总是将这种机会当成是向上司打报告的途径，于是借着听到的隐私，他们会把眼中钉当成是他们成功路上的垫脚石，有可能就是因为听信了你和别人的论人是非之话。所以，我们应该清楚，在职场上，千万不能在人背后议论别人的是非。

作为刚成年的我们，在进入社会之前，应该有个正确的人生观和世界观。不能因为别人对自己不好，就说人家是非；不能因为看不惯对方，就说人是非；不能因为对方比自己强，就说人是非。说人是非只能有损自己的人的。看见别人比自己强，就应该想出个正确的方法超过别人，而不是通过议论别人是非的方法来打击他人。

作为职场新人的我们，应该多提高自己的修养，当自己的文化道德素质都提高时，就不会将别人的是非当成是自己关注的对象，自然在职场上也不会将别人的是非当成是攻击对方的武器。

我们同时应该学的大度一点，冷静地处理别人对自己是非的议论，坚信：只要自己走得正，就不怕影子斜。

背后的赞美更显真心和诚意

18岁以后的青年人一旦进入职场，就应该多了解一些关于职场上的规则。职场上背后议论他人是非是一件不好的事,但是如果在背后说人的好话,却能取得很好的效果。刚进职场的我们,要想让某人对我们产生好感,不妨在他的背后多说点他的好话,也许对方和你的关系就会有所转机。

背后赞美别人,在职场上经常可以更好地改善和同事的关系。当面赞美别人,虽然也会让别人满足,但是这种赞美的技术必须十分精湛,否则一旦赞美得不到位,就很难达到效果;如果赞美得超过了度,又会让对方心理反感,甚至认为这是故意在奉承他、巴结他,很容易造成适得其反的效果。

刚刚进入职场,很多人都希望能够得到上司的赏识。如果当着上司的面,赞美上司,甚至是当着很多同事的面,直接赤裸裸地赞美上司,也许你认为自己真的是在真诚赞美对方,但是上司可能就会认为你这是在公然奉承自己,也许你说的那些话是他听过很多次的,也许他会因此对你更加反感,也许他仅仅是淡然一笑,并未放在心上,总之不管怎样,你都不会得到自己想要的结果。而其他的同事会认为你在巴结上司,认为你是不值得交的小人,如此一来,我们在公司还怎么工作下去。作为职场新人的我们,最好不要让自己做出这种得不偿失的事情。

要想不让自己有这种尴尬的处境,好方法就是学会在背后赞美别人。不要以为这些话当事人会听不到。人们之间的消息是如此灵通,总会有个人将你的好话传给他。没有人会讨厌一个欣赏自己的人,因为你说的那些赞美话,可能会让对方加深对你的感情,甚至原先对你的敌意也会因为你的赞美而消失。

如果说当面赞美别人,会让别人觉得虚伪的话,那背后赞美别人就可以消除这种顾虑。因为背后赞美往往会显得更有诚意。

假如我们在职场上和某人的关系不是很好,要想改善我们之间的关系时,就可以背后赞美对方。也许当面赞美对方,会让他更加反感,他会认为我们这是在故意使然,往往会不领情。而当你在他背后和别人说起他时,你一句无心的赞美,比如"这个人工作态度很认真,对工作很负责"、"这个人对自己严格要求,怪不得成绩那么好呢",当这些话传到他耳朵里的时候,他会对你另眼相看。

《红楼梦》中曾有一段关于宝玉赞美林黛玉的话，就是运用背后赞美的方法。宝玉本是个追求自由、不喜欢拘束的人，当史湘云、薛宝钗用心良苦地劝他好好学习时，宝玉对此非常反感，并当着他们的面赞美林黛玉："林妹妹从来都没有说过这样的混账话！要是他也说过这些混账话，我早就和她生分了。"这时恰巧林黛玉走到窗下，听到了宝玉对自己的赞美，于是"不觉又惊又喜，又悲又叹"。之后两人更加亲密无间，互诉衷肠。

在黛玉看来，宝玉在她背后赞美自己，是发自真心的，如果宝玉是当着她的面说出这样的话，可能就是故意在打趣她了。就是因为这背后的赞美，令黛玉对宝玉的感情更加升温，两人的关系也越来越好。

在现代的生活中同样如此，背后赞美别人因为不具有目的性，可能会更打动人，因为没有功利性，可能不会让人觉得反感。一句话的赞美往往会影响一个人的态度。

进入职场的我们，要想让自己在职场上的人缘变好，不妨运用这种方法来改善和别人的关系，让自己在职场上更受欢迎。

多欣赏同事的优点和长处

18岁以后的青年人，一旦进入职场，除了和亲人相处的时间之外，其他的绝大多数时间都是和同事在一起度过的。为了让自己和同事的关系更好，相处更融洽，就应该学会用欣赏的眼光来看待同事。

良好的人际关系在成功人士的成功因素中占有很大的成分。作为职场新人的我们，进入职场后，首先应该做的就是让自己有个好的人际关系，让其他的同事都能接纳你。要想和其他同事搞好关系，就应该学会用欣赏的眼光看待同事。

人无完人。每个人身上或多或少的都有些缺点，如果一味将眼光盯在对方的缺点上，就会经常找别人身上的碴，不是这里不顺眼，就是那个地方不对劲，当你用这种苛刻的眼光看待别人，用这种尖刻的语言指责别人时，别人也会对你充满敌意。人们之间的感情是相互的，久而久之，你会被大家孤立，没有人喜欢和一个浑身都是刺的人交往。

我们还是职场新人，为了让自己以后的工作更顺利，更应该学会为自己建立一个良好的人际环境，不能为自己树立职场的敌人，让同事都远离你而去。用欣赏的眼光看待同事，就会发现同事身上的很多优点，就会更适当地赞美别人，这样一来，对方肯定也会更喜欢你，更愿意和你一起共事。

生活中人们经常有这样的想法，当自己费劲千辛万苦地做成某件事时，总是希望有人能够因此而赞美自己一句，但是结果往往是得不到别人对自己努力的肯定。赞美往往是激励人最好的方式，但是很多人都忽视了。

在职场上同样如此，大家一起共事，竞争本来就很激烈，谁都希望自己就是上司看中的那个人，所以同事之间经常会明争暗斗、尔虞我诈，你在背后说我的坏话，我就在背后传播你的谣言，相互指责、相互诋毁让本来就很紧张的同事关系变得更加糟糕。一个导火线的引燃，往往会两败俱伤。作为刚进职场的我们，也许还不知道同事之间那些微妙关系，为了防止自己成为别人攻击的对象，就应该多发现同事身上的优点，多赞美，因为你的赞美，对方可能会变得更有动力，同事间的关系也会有所改善。

当我们用欣赏的眼光看待身边的同事时，我们就会更加尊重对方，在尊重他人的基础上建立起来的人际关系往往是良好的，之后的相处也会因为相互尊重而变得非常愉快。因为我们尊重别人，对方也会同样尊重我们，当我们用欣赏的眼光看待身边的同事时，身边的同事自然也会以欣赏的眼光看待我们。这样的同事关系会让企业形成一个很融洽的大家庭，同事之间因为互相尊重欣赏，也会变得更加心情舒畅，而这样一来就会更加促进公司的发展。因此同事间的互相欣赏，会促成企业的良性循环。

职场上一直都存在着激烈的竞争，为了职位、为了利益，很多人为此争得头破血流，不断使出奇招甚至是使用一些阴险的招数。有些人甚至认为只要抓住了对方的缺点，自己就会稳操胜券。其实现实的情况往往大相径庭，越使用这种阴险的招数和别人竞争，往往越会让自己徒劳无功，甚至是引火烧身。当用欣赏的眼光看待同事时，因为互相尊重，同事间的竞争就会变成正当竞争，因为清楚了对方的优势，所以就看见了自己的差距，于是就会想办法超越他。因为知道了对方的优势，同时也就清楚了对方的弱势，在弱势的地方超过他，往往也会因此赢得他的尊重和欣赏。

希望我们每个职场新人都会用欣赏的眼光看待和自己共事的同事。

不参与他人的纷争，只做好自己

职场上经久不息的就是同事间的纷争，不管进入哪个公司，总是少不了同事间的纷争。作为刚进职场的年轻人，由于职场经验还不是很丰富，面对这些职场纷争的时候，很可能会手足无措。

作为职场新人的我们应该清楚，职场上的这些纷争是很自然的，为了争得更多的利益，同事之间经常会扎帮结派，刚进职场的我们，如果还没站稳脚跟就被卷入了派系的纷争中，是很不明智的一件事，因为这不利于我们以后的发展。

作为职场新人，我们进入职场应该谨记：尽量不要让自己卷入职场的纷争中。如果我们因为不谙世事，就让自己卷入了职场的纷争，不管最后的结果如何，我们在无形中已经得罪了一批人。职场上的纷争长久存在，战争的号角时时吹响，所以必定会有很多人在战场上负伤，也会有人因此而丢失工作。为了不让自己引火上身，最好的方法就是避免卷入这些纷争。

很多人认为只要自己避开这些纷争就万事大吉了，事实真是这样吗？

职场上的纷争，充斥在工作的点滴中，很多时候自己千方百计绕着这些纷争走，这些纷争同样还会找到你，想在职场上保持中立往往是很困难的。那么为了让自己避开这些职场纷争，我们应该怎么做呢？

为了不让自己卷入纷争，和各派人的关系相处应该是相当的，不要让自己故意表现得偏向某一方。尽量和他们仅维持工作上的关系，对于他们私下的一些活动最好不要参与，因为一旦参与了一方，其实就是变相得罪了另一方。

当其中的一方想拉我们进入他们的派系时，不要态度明确地拒绝对方，这样容易破坏我们原有的同事关系，最好的方法就是在时间上不断拖延。当无法再拖时，我们可以向对方说清楚，自己现在的工作经验很少，就算是加入他们，也起不到很大的作用，当自己具有实力的时候，再加入可能会更好些。对方听到我们这些话时，自然也就知晓我们的心思了。

保持幽默感。职场上的同事因为互相争夺利益，气氛往往是很紧张的，有时因为一个问题的解决不当可能会让双方陷入僵局，这时候，我们可以用自己幽默的语言化解僵持的气氛，这样一来，就不会得罪任何一方。

职场上的帮派纷争，往往是因为某些利益上的分歧，有时候因为立场的不同，往往会提出不同的解决问题的方式，我们为了不卷入纷争，可以做个中间的打圆场者，帮他们分析彼此的立场，让他们认清自己和对方分歧产生的原因，找到解决分歧的最好方法。提醒他们顾全大局，不要做出些伤害公司利益的事情。

因为我们没有参与帮派之间的纷争，我们就不会得罪任何一个人。因为我们没有参与帮派的纷争，因此我们也不会成为上司的眼中钉、肉中刺，甚至借纷争而将我们解雇。因为没有纷争的苦恼，我们会更好地投入工作，让自己在工作上取得更好的成绩。也因为没有纷争，我们的人缘会更加广泛，我们的人际关系会因为自己的不参与纷争变得更加和谐。

希望我们每个人在进入职场后，都能看清职场纷争对自己的潜在危险。避开纷争，让未来更加精彩。

不妨做做和事老，调和同事间的矛盾

同事们能够在一起共事，靠的就是大家的缘分，所以作为同事，大家应该学会互相珍惜彼此之间的情意。除去和亲人朋友相处的时间外，几乎所有的上班族的很大一部分时间都是和同事一起度过。同事之间的近距离接触，很容易发生矛盾和冲突，这是很正常的事情，关键是如何化解矛盾，让双方的关系更加和谐。

18岁以后的年轻人，刚刚进入职场，为了让自己以后的工作更加顺利，首先应该和同事搞好关系，因为自己还是个新人，所以，就应该尽量不得罪任何一个人。当同事间有矛盾的时候，我们应该学会做调和他们矛盾的和事佬。

做化解同事矛盾的和事老，就会让自己不得罪任何一方，假如矛盾化解成功，双方和自己的关系都会有很大的改进；就算矛盾化解不成功，那只能说明我们化解矛盾的经验还不是很丰富，依然不会有损我们的人缘。当上司知道我们主动化解同事间的矛盾后，定会对我们另眼相待。如果我们经常化解同事的矛盾，同事们也会觉得我们是性格好、随和的人，于是也就会喜欢和我们共事，并能很快接纳我们。由此看来，做化解同事矛盾的和事老，对自己的工作和未来也未尝不是一件好事。

刚进职场的我们，如何更有效地化解同事间的矛盾呢？

首先要看双方之间的矛盾是什么样的矛盾，是工作矛盾还是私人矛盾，不管是什么性质的矛盾，总之都离不开交流，成功的交谈可以将双方之间的疙瘩解开，可以让彼此冰释前嫌。我们要想化解双方之间的矛盾，首先应该做的就是找出矛盾性质，然后再对症下药。

如果是工作上的矛盾，解决起来可能比较容易一点。双方矛盾的根源往往是立场上的不同，但是双方都有一个目的，那就是为了公司的利益，只是双方的思维方式和处理问题的方式不同而已，所以才会产生矛盾。我们在化解这种性质的矛盾时，就本着公司的利益来和双方交流。虽然彼此都有各自的理由，但是因为矛盾的产生，会影响到公司的利益。影响到大局，所以，可以劝他们从中找出一个折中的解决办法，目的就是为了公司的利益。相信两个人听到这样的话，以大局为重，就会放下原有的矛盾，共同商讨出一个行之有效的解决办法。

如果是私人矛盾，化解起来可能稍微会有点麻烦。私人之间的情感，外人可能会难以插手，所以在化解矛盾之前，我们首先应该了解矛盾产生的原因，不妨坐下来，让双方自己谈谈，为什么会和对方闹矛盾。因为是私人感情的问题，所以不会牵扯到原则性，所以我们在化解矛盾的时候，就不要板起脸来，说些让他们以大局为重的话，而是应该用商量的口气，试着说些圆场的话。因为双方都在闹矛盾，可能彼此的心里都不是很痛快，因此我们在说话的时候，一定要注意自己说话的语气，多开导双方，让双方都能大度一点，我们可以这样说："大家都是同事，因为这么点小事，闹的不愉快，实在是没必要。得饶人处且饶人，看开点，毕竟都是抬头不见低头见的"。相信在听了这些话后，双方肚里的闷气都会得到消除，自然就能和好了。

作为职场新人，最忌讳的就是自己不明事理的就卷入同事的矛盾中，稀里糊涂的成了对方攻击的对象。为了不让自己卷入这样的纷争中，就要学会做个会化解矛盾的和事老，既不得罪任何一个人，还能保持自己的立场。

会做化解同事矛盾的和事老，在工作的时候，才会不受到他人的攻击，这样自己才能静下心来好好工作，会做和事老，我们的人缘会越来越好，上司对我们也会越来越欣赏。

把握好和异性同事间的距离

同事之间的距离如何保持是一门学问，尤其是和异性同事之间的距离问题，是困扰很多上班族的一个重要问题。刻意保持距离，会让对方感到冷漠；距离太近，则会有“性骚扰”的嫌疑，甚至会产生一些情感上的纠纷。本来距离问题是个物理上的问题，一旦掺入人们的情感，往往就会成为复杂的心理、社会问题。

刚过18岁的我们在进入社会后，因为自己的职场经验不是很丰富，很容易让自己陷入这类问题，原因就是我们不知道和异性同事应该保持怎样的距离。现在两性的交流在职场上的概率增加，过分拒绝和异性同事的相处，可能会为我们的工作带来很大的不便。而且研究发现，异性之间一起工作，不仅不会影响到工作的进行，相反，会更加促进工作高效的完成。所以，在很多公司里，经常见到的情况是男女搭配的工作。避免和异性同事工作是一件很困难的事情，有效的方法是让自己学会和异性同事保持适当的距离。那么我们应该怎样和异性同事保持距离呢？

因为是异性，所以对事物的看法有分歧也是很正常的。要想在异性面前有个好形象，要想让异性更能接受我们，我们首先应该表现的虚心，愿意倾听和接受对方的观点。很多职场上的人，对异性并不排斥，相反他们更喜欢和异性同事工作，很多人都喜欢被异性仰慕和敬重。我们刚刚进入职场，要想和异性处好关系，就应该多虚心学习，多学习对方身上的长处和优点，多发现同事长处，不断弥补自身短处，往往更能博得异性同事的好感。

职场上的同事，往往是我们以后生活中，除朋友、家人外，相处时间最久的人，长时间的相处容易使同事之间的感情关系发展为恋人之间的关系。

假如我们在进入职场后，不想在职场发展出恋爱关系，就应该在和异性同事的相处中，不给对方任何暗示的动作和语言，甚至是表情上的暧昧。对于对方关于爱的表白，也应该巧妙地将其化解掉，不要让对方觉得自己是默许，或者是有好感。

办公室恋情既影响自己的工作，也会影响对方的工作，加上其他同事的风言风语，很容易让当事人陷入泥沼而无法自拔，所以，对于办公室恋情，我们应该有个鲜明的态度，不要让这种恋爱影响到自己的未来。

我们对待异性同事的态度应该大方、不轻浮，这既包括语言也包括行为。尊重对方是最基本的，这也是和异性同事做好工作首先应该具有的条件。假如我们对某个办公室的异性的确具有好感，发展双方关系的时间也应该是在下班以后，分清工作和爱情的轻重缓急，不要让双方感情的发展影响到工作的处理。

我们要想和异性同事相处愉快，应该真诚地对待对方，油嘴滑舌、花言巧语，很容易让人产生反感。人们之间的感情是相互的，要想让别人接受我们，我们首先应该接受别人，要想让别人接纳我们，我们首先应该接纳对方，我们应该友善地和异性同事相处，对方在这种真诚友善中，自然也愿意接受我们。

和异性同事的相处，距离处理得好，双方之间的工作就会变得愉快，双方之间的协作也会变得越来越默契。

我们中的很多人，即将步入职场，在职场上，和异性同事之间距离的拿捏，往往会是我们必须面对的问题。要是不想让自己经历办公室恋情，和异性同事之间就应该保持在安全距离以外，莫让距离成为双方恋情的连接点。

第十三章 20岁后能够结交真心朋友

——茫茫人海觅知音的做事策略

一个没有朋友的人，是一个可悲的人，因为他不知道有朋友的帮助，自己的人生之路会走得更顺利；有朋友的陪伴，自己的人生之路会不孤单。18岁以后的我们，即将进入社会，闯荡自己的人生，所以要想不让自己孤单前行，我们应该学会的是，让自己广交好友，多交一些值得陪伴一生的朋友，并维护好双方之间的友谊，让友谊之灯在自己人生的道路上永远光明。

让自己变优秀，去结交更多优秀的朋友

人们经常说："在家靠父母，出门靠朋友。"18 岁以后的年轻人在进入社会以后，就应该多学习如何在社会上广交友。朋友多了路就好走，这是亘古不变的道理。物以类聚，人以群分。为了能够结交到更多优秀的人，作为 18 岁以后的青年人应该让自己变得优秀起来。

犹太人说："和狼生活在一起，你只能学会嗥叫；和优秀的人接触，你就会受到好的影响，耳濡目染，潜移默化，成为一名优秀的人。"比尔·盖茨也曾说过类似的话："有时决定你一生命运的，在于你结交了什么样的朋友。"

由此我们可以看出，自己今后的人生路是走向成功还是走向失败，朋友起着重要的作用，优秀的朋友可以引导着我们走向成功，不好的朋友会让我们由成功走向失败的深渊。

我们刚刚从学校出来，刚刚进入社会，开始和形形色色的人打交道，如果自己交友不慎，影响到的可能是自己的一生。而远离那些狐朋狗友的唯一办法，就是让自己结交些优秀的人。要想结交优秀的人，首先应该让自己变得优秀起来，才能让那些优秀的人接纳我们。

首先为自己定下一个要达到的目标。不管这个目标是关于知识方面的，还是关于道德方面的，甚至是关于专业方面的，只要意识到自己哪方面欠缺，就多在哪方面努力，让自己成为一个有亮点的人。为自己找一个榜样，不断向对方学习。关键的是努力的过程，自己在学习，这本身就是一种进步。而且优秀的人一旦看到你身上这种不断进取的精神，自然也愿意和你交往。

其次，要摆正自己的心态。优秀的人往往是那些有积极向上心态的人，这些人之所以会让自己变得很优秀，就是因为他们身上有一种奋发进取的精神和不断上进的心，所以他们才能克服万难，不断成就自己。我们要想变得优秀，也应该有这样的心态。时刻坚信自己，不让那些颓废消极的思想破坏自己做事的毅力和恒心。所以，让自己摆正心态，就会用优秀的标准来要求自己，不让自己放弃，不让自己半途而废。

再次，要有恒久的毅力和决心。要想让自己成为优秀的人，不是一朝一夕就能成的。优秀的人，表现优秀，道德优秀，工作优秀，交际也优秀。种种的优秀堆积在一个人的身上时，这个人才能称之为一个优秀的人。所以，我们要想让自己成为一个优秀的人，就应该在生活的每个方面都让自己表现优秀。而这需要的就是持久的毅力和坚定的决心，我们只有具有了这些打造优秀的主观因素，我们才有可能成功。

要想优秀，仅有这些主观因素还是不够的。外界因素对一个人的影响作用是不能忽视的。就像一个人学英语，仅凭课堂上学的英语，他往往要花几年的时间才能真正地用英语和别人交流，而且这种交流的效果也不是很好，他还是不会说流利的英语。要想说流利的英语就应该将他放在全英语的环境里，几个月下来，他基本上就能用英语和别人交流了。想让自己变得优秀同样如此。一个肮脏的生活环境培养不出一个爱好整洁的人，一个说话不文明，整天爆粗口的环境培养不出一个说话优雅的人。如果我们生活的环境对我们学习优秀有很大的阻碍作用，那就赶紧为自己重新找个合适的环境，否则，自己还没学到优秀的素养，就已经被周围的人同化堕落了。

当内在因素和外在因素都具备的时候，我们要想变得优秀当然易如反掌。希望我们能够尽早让自己变得优秀起来，能够结识到更多优秀的人，让自己的人生路越走越精彩。

任何美好的友谊都需要常常经营

每个人生活中都有几个朋友，只是有的朋友仅是一面之缘，而有的朋友却是自己一辈子的朋友。我们的身边同样会有些知根知底的好友，这些好友陪伴自己度过最困难的时期，陪伴自己走过人生的风风雨雨，就是因为这些好友，我们的世界变得不再孤单。人一生难得有几个真心好友，如果自己遇见了一定要好好珍惜。为了让我们的友谊之花开得更长久，我们应该如何浇灌这些友谊之花呢？

人们之间的感情都是在交往中才成就的，没有长时间的交往和接触，感情不会产生。感情一旦在人们心中产生，就应该想办法将它维持下去，于是人们会不断进行接下来的交往。如果长时间不交往，再深的感情也会变淡，人们彼此会变得陌生。这样的话就得赶紧寻找补救办法，如果听之任之，只会让昔日的感情在空等中流失。所以，我们应该想办法经常和以往的朋友保持联络，不断去维持昔日的友谊，只有这样，友情才不会消失，只有这样，友谊才更持久。

首先应该将自己身边的朋友分出个亲疏。我们在生活中经常会交到各种各样的朋友，跟这些朋友在相处一段时间后，我们会发现彼此之间的差距。有些人性情高洁，适合做君子之交；有些人功利心强，适合做点头之交；有些人真心待你，适合做患难之交；有些人为你赴汤蹈火，适合做莫逆之交……将朋友分出轻重，这样我们以后就会有的放矢了。那些不值得自己浪费时间和感情的朋友，最好是将他们划出自己的培养范围。对于小人性质的朋友，最好的方法就是冷处理。对于那些和自己交情深的人，就应该多下点工夫了。

其次，将朋友列出重点的培养对象之后，自己就应该着手浇灌与朋友之间的友谊了。平时自己有空闲的时候，经常和这些朋友一起吃个饭、喝个茶，聊聊近况，说说自己最近的心境，大家都是年龄差不多的朋友，彼此之间也没有什么利益的牵扯，往往不会对彼此耍心机。多组织些活动请朋友参加，一起去爬个山，一起去游个泳，不要小看这些活动，经常这样联系，对双方的友谊只会有百利而无一害。

再次，主动将电话打出去，问候一下朋友。朋友升职了，打电话向对方道喜；朋友要出差了，打电话给对方告个别，就算仅仅是让对方保重身体，对方内心也会非常温暖。记住不管我们的生活多忙，平时也要抽时间给朋友打个电话问候一声，小小的电话，传递的却是双方对彼此最好的祝福和最深的牵挂。

最后，朋友有困难的时候，一定要出手援助，朋友不是只能分享幸福不能经受苦难的人，真朋友是有福同享有难同当的。朋友有困难的时候，往往是考验友谊是否结实的时刻，所以，我们一定要尽自己可能地帮助朋友。只有真正的朋友才是帮忙不求回报的人，只有真正的朋友才是风雨同舟、相携一生的人。

18岁以后的我们，朋友肯定很多，有些甚至是和自己一起长大的朋友。踏上社会，因为各自的生活，彼此不可能再像从前那样朝夕相处地在一起，为了不让友谊之花凋零，我们就应该经常浇灌这些友谊之花。只要自己用心，友谊之花就会永开不败。

真正的友谊不怕苦难的检验

18岁以后的年轻人多结交朋友是件好事，但不是所有的朋友都是真正和自己相交一生的朋友。18 岁以后的我们已经是成年人了，因此要学会鉴别身边的那些朋友是不是真的值得自己结交。

人们常说，患难才能见真情。患难同样是检验友谊的试金石。

当我们志得意满时，很多人会围在我们的身边，希望能沾点喜气，希望我们的春风得意，同样带来他们生命中的春天。当我们陷入危机时，当我们深陷于问题的泥沼而无法自救时，很多以往和你笑脸相迎的朋友，此时都会扭开他们的视线，他们不会去看我们那求助的眼神，因为他们担心我们的麻烦会让他们同样陷于困难。只有真正的朋友，此时，依然站在我们的身后支持我们，他们尽自己的全力要让我们摆脱困难。往往直到这种时候，我们才能醒悟，原来真正的朋友，不是整天和自己攀交情的人，而是那些默默无闻用行动支持自己的人。

春秋时，左伯桃和羊角哀志趣相投，于是二人结为好友。当时，楚元王正在招贤纳士，于是二人打算结伴一起前往楚国。两人走了很长时间，一直没有到达楚国，而且所带的干粮也快吃没了，正好赶上天降大雪，两个人的生命面临着巨大的考验。左伯桃在路上走着的时候就想，剩下的干粮一个人可能还够，如果是两个人同时食用的话，估计不用多少时间两人都得饿死，而且天气越来越冷，两个人身上的衣服也不是很厚，就算饿不死，也会冻死的。他一想到羊角哀比自己的学问大，就在心中有了个想法。他故意跌了一跤，然后将羊角哀支开。羊角哀走了以后，他就将身上的衣服脱下来，躺到了雪地里，当羊角哀回来的时候，他已经奄奄一息了。左伯桃嘱咐羊角哀，穿上自己的衣服，一定要到达楚国，说完就死了。羊角哀看见自己的好友离去了，伤心痛哭。后来，羊角哀到达楚国，向楚元王上陈十册，楚元王见了之后非常高兴，于是拜羊角哀为中大夫，赐黄金百两，绸缎百匹。但羊角哀弃官不做，执意要为左伯桃守墓。

类似的友谊在历史上不断上演，很多人为了帮助自己的好友渡过难关，将自己的生死置之度外，只有这样的友谊才是坚实的友谊。现在社会的科技很发达，人民的生活水平也不断提高，虽然这样的友谊场面在今天的社会上,可能不会再上演,但是这种精神,这种气度却是值得每个人学习的。

要想获得经得起考验的友谊,首先自己对对方的友情要经受得起考验,不能因为朋友陷于困难,就觉得朋友不再值得交往了。真正的友情不应该掺杂任何的功利心,一旦掺杂进这些因素,友谊就不再是友谊,而是自己成功路上的垫脚石,是自己追求利益路上的一个帮手。救朋友于危难之间,助朋友于千钧一发之际,不求回报,只有这样的友谊才是值得我们珍藏一生并永远呵护的友谊。

对于那些经不起考验的朋友,我们也不用伤心,庆幸自己早日看清了对方的真面目,没让自己越陷越深。认清了对方的真面目,自己在以后的交往中,才不会对对方有大的期望,自然也不会因为他们的明哲保身而大动肝火,与其为了这样的人独自伤心,不如多将真心放在那些值得自己相交一生的人身上。

尊重每个朋友的每个想法

与朋友的交往中,难免会有冲突和矛盾的发生,很多心胸狭窄的人会认为这是朋友故意和自己对着干,于是和朋友大吵特吵,非要对方听从自己的意见才行,非要对方完全按照自己的要求做才行,这样做是不是正确呢?

18岁以后的我们,虽然说已经成为了成年人,但很多人在心理上并未真正拥有一个成人的心理,就像上面这种解决问题的方式,就是一种不成熟的方式。权且说世界上没有两片完全一样的叶子,更不要说人了。人都是有思想有生命的不同体,每个人生活的环境、接受的教育和彼此所拥有的生活经历都是不同的,种种的不同,让他们在遇到同样的问题时,会产生不同的解决问题的方式也是正常的。没有必要去要求对方放弃他原来的观点,完全听凭自己的观点。没有必要苛责自己的朋友和自己的观点不一致，观点不一致，并不代表友谊的裂隙，不代表双方感情的变淡，只是思考问题的方式不一样。

所以我们应该学会求同存异，只要大方向是对的，是一致的，那就可以了，至于小小的差异，既然不影响问题的解决，那又何必计较呢。就像两个人一起去吃饭，一个人口味淡，喜欢吃不咸的东西，另一人口味重，喜欢偏咸的，如果这个口味淡的认为自己的膳食方式才是健康的，非要对方和自己吃一样的饭菜，对方可能会难以下咽，只要双方都能解决完各自的吃饭问题，对方口味的重与否又有什么关系。这就是求同存异的方式。

朋友是独立的个体，不能因为对方和我们是朋友，就得将他们复制成另外一个我们，只有保持求同存异，才能更好地维系双方之间的友谊。如果单纯求同，不仅难达成目的，还会让友谊无法维持下去；如果单纯求异，会让两人没有交流的契合点，双方的关系也不能维持下去。所以最好的方式就是求同存异，既让双方达成了共识，还能保持各自的独立，让彼此都有一个属于自己的空间，只有这样，友谊才能更长久地维持下去。

求同存异，是对朋友的尊重，是对朋友的理解，是彼此保留个人空间的宽容，是对双方友谊坚信的一种方式。朋友不是相互模仿，不是相互复制，甚至不是相互抄袭，朋友是因为共同的兴趣爱好走在一起，共创明天。相同或者相似的地方，让人有种知音的感觉；不同或相反的地方，让双方能更觉神秘，互补彼此身上的缺点和缺陷。那么我们如何和朋友求同存异呢？

首先，要搞清双方闹矛盾或者是有争议的地方，仔细商议出彼此想达到的目的是什么，存在争议的原因是什么，这个争议会不会影响到问题的解决，假如双方的差异不仅不会影响问题的解决，还让问题的解决方式呈现出多样性的话，那就不用再争议了，按各自的想法去做就好了。

其次，就算有争议，也应该坐下来好好商量，不能因为争执两句，就觉得朋友不是真正的朋友，就说出很多伤害对方的话，甚至是故意揭对方的伤疤来攻击对方，这样不仅不会解决问题，还会破坏友谊。因为对方相信我们，所以才会告诉我们他的隐私;因为对方信任我们,所以才将真实的自己展现给我们,现在我们用这种方式来换得对方对我们观点的同意,只会让他心寒,并让他不断远离我们。坐下来冷静地思考问题,才会有好的效果。

最后,朋友既然是自己认定一生的朋友,就不要轻易伤害对方,一旦伤害了,就会永远都弥补不了。所以,我们一定要珍惜现在的好朋友,珍惜现在的友谊。

希望我们每个人在进入社会以后,都能守护好自己身边的朋友,不要再为朋友和自己的差异而耿耿于怀,不要再为和朋友的不一样而伤心,正视这种差别,友谊才能更长久。

对不同的朋友可以区别对待

对年轻人来说,身边肯定会有很多朋友,只是这些朋友有的仅仅是和自己有一面之缘或者几面之缘的未曾深交的朋友,有的可能是对自己知根知底陪自己走过无数风雨的朋友。对不同的朋友,我们所付出的感情也是不一样的,为了能够经营好我们的友情,应该怎样对待身边的朋友呢?

对于我们每个人来说,可以分层次对待身边的朋友。每个人都是一个圆,最靠近自己那层的应该是和自己关系最好的朋友,这种朋友可以让自己放下所有的伪装,可以让自己将心交给对方。这样的朋友是自己第一时间首先想到的朋友,有困难了第一时间想获得他们的帮助,有高兴的事了第一时间想和他们分享,有委屈了第一时间想向他们倾诉。不管自己的境遇如何,他们都会始终陪在自己的身边,像这样的朋友,是我们最应该值得珍惜的一辈子好友。

第二层次的朋友,是让自己只说百分之八十真话的人,这种朋友和自己的关系也不错，只是自己不能将全部都坦诚地告诉他，可能我们彼此还不是很熟悉，只是在某些方面我们和他们有共同语言。对这样的朋友，我们不清楚对方的底细，也没有太多的共同经历，所以，保留点私人的空间可能会更好地保护自己。

第三层次的朋友，是让自己只说百分之三十真话的人，这种朋友和我们的交情也不错，只是双方并未继续发展彼此的友情，一直都停留在浅层次的交往上，这种朋友适合淡淡地交往，并不能在一起推心置腹地交谈。或者因为经常出现在某一商业场合，或者是经常在一起碰面，这种人往往会成为自己工作上的人脉。

最外面一层的人，往往是对我们别有居心的朋友，他们和我们在一起，可能是因为看中了我们对他们有利用价值，或者仅仅是因为我们现在的生活比较春风得意，于是他们才围上前来，目的仅仅是想从我们这里分得一杯羹。当我们落魄时，他们往往是最早落井下石的那一个。因此在和这种人交往的时候，往往是最费心力的，因为我们得时时防着对方是不是会算计我们。

我们在对待自己身边的这些朋友时，应该保持冷静的态度，不能因为一点小恩小惠，我们就感激涕零地认为对方就是自己最好的朋友，这样划分朋友的标准太主观，很容易看错对方。说不定对方只是想借机靠近我们，进而达到他们的目的。看我们身边的朋友是不是值得深交的朋友，最有效的检验方法就是时间。

真正的友情是经得起时间考验的，我们之间的友谊不会因为时间的流逝而消失。真正的友情是不掺杂任何利益的，仅仅是因为双方的感情深，所以大家愿意有福同享有难同当，这样的朋友是一辈子的好友。建立在金钱利益上的友情是最经不起推敲的，如果没有了利益的维系，双方的友情很快就会破裂，这样的友情也是维系时间最短的友情。

对 18 岁以后的年轻人来说，我们现在已经开始步入社会，所以对不同的朋友更应该区分对待。对待真正的朋友，自己应该倾心付出。对待普通的朋友，保持好平常的一般交往就可以。对于那些不值得深交的朋友，自己就应该多加警戒，不要将自己的底细完全透露给对方，正所谓，知人知面不知心。

希望我们每个人都能分层管理好自己的友谊。

朋友间闹矛盾，做主动道歉的那个人

朋友之间因为长时间相处，很容易因为一点小事，产生一些小摩擦，或者是发生一些小冲突，这是很正常的事。对于年轻人来说，在和朋友发生矛盾的时候，如何化解矛盾却是很重要的，因为这可能直接影响到以后友谊的走向。

每个人在一生中能交到几个知心的好友很不容易，尤其是那些和自己志趣相投又有很深感情的朋友，就更不容易了，如果是因为发生了小矛盾，而任双方之间的冷战持续下去，进而影响到双方的友谊，甚至因此而导致友谊的决裂，这样的结果是很令人惋惜的。明明是一对很要好的朋友，仅仅是因为不知道道歉而错失了一段很珍贵的友谊，当我们失去的那一刻或许才真正能体会到自己的后悔之情。

如果朋友之间出现了小矛盾，我们主动向对方道歉是不吃亏的，既能挽回彼此的友谊，也能向对方说明自己是很在乎对方的，只要自己的态度诚恳，矛盾肯定会烟消云散。主动道歉并不表示自己性格懦弱，不管矛盾起源于谁，一个巴掌是拍不响的，同样，就算闹矛盾也不是一个人就能闹起来的，两个人不管谁的责任大，矛盾的产生肯定双方都有责任，所以此时我们主动向对方道歉也是应该的。

人们都说吵架时，主动道歉的那个人是天使。事实上正是如此，因为主动道歉,所以,说明我们在乎彼此之间的友谊。因为自己的不对,伤害了对方,明明可以静下心来好好商量的事情,为什么最后要以争吵来解决,明明可以心平气和谈话的,为什么非要产生矛盾。所以向对方主动道歉,也是在纠正自己解决问题的方式,因为我们没有选对解决方式,所以才造成矛盾的局面,一旦有一方道歉,对方的态度肯定也会软化下来。这样一来,矛盾肯定会化解。

生活中也会上演这样的场面,明明两个人的关系不错,是大家眼中很好的朋友,却因为一点小矛盾的产生,而让两个人变得形同路人,就算是打照面,依然对对方不理不睬。这就是矛盾升级后的结果。没有什么样的矛盾是两个人好好沟通所不能解决的,双方既没有什么杀父之仇,也没有什么夺妻之恨,为什么却让双方的关系变得如坚冰一样冷酷?原因就是双方都不知道互相道歉,都在为自己骄傲的尊严严防死守,内心的情感战胜不了面子的抵抗。为了自己尊贵的面子,很多人放弃了昔日的好友。这样的选择真的就是正确的吗?当再翻起昔日珍贵的照片,当再听见对方盈盈的笑语,当自己倍感孤独无处诉说,当自己禁不住那美好的回忆时,内心的情感会告诉我们,我们的选择到底是不是正确。

为了让我们以后不犯这样的错误,我们应该知道自己主动向朋友道歉是一件不吃亏的事情。面子没有那么重要,和朋友相处为什么还要顾全面子,我们最尴尬、最狼狈、最难堪的场面他们都见过,还有什么值得自己再去掩饰。不要以为真正的朋友是不需要道歉的,他们需要的可能不是什么正儿八经的道歉话语,他们需要的仅仅是我们一个眼神、一个动作,甚至仅仅是一个神情,只要我们肯迈出第一步,他们往往会走完剩下的九十九步。只要对方明了了我们的心意,还有什么是不能克服的?

主动道歉,是为了更好地解决矛盾。主动道歉显示的不是懦弱,而是大度,是宽容,是理解,是一种人格的魅力。只有会主动道歉的人,才是懂得珍惜友谊的人。虽然我们现在已经是成人,但是很多人还是停留在不成熟的心态上,认为自己就是对的,只能对方向自己道歉,这样的想法只能说明我

们太任性。

所以，年轻的我们，不要再执拗于自己的小心眼，不要再为面子受罪，哪怕自己在朋友面前没有了最后的一点颜面，只要能换来对方真挚的友谊，那又何妨？

朋友间也需要隐私空间

对18岁以后的年轻人来说，进入社会后，我们身边最不应该少的就是朋友。有朋友的偕同，我们的人生之路不会孤单；有朋友的支持，我们走得会更顺利；有朋友的帮助，再大的困难，我们也能克服。朋友的相伴，会成为我们人生之路上不可缺少的左膀右臂。

为了让自己和朋友的友谊之路走得更长久，不仅仅要将我们的眼光停留在对对方的帮助和关心上，也不仅仅是停留在双方亲密关系的保持上，还要注意的是双方的个人空间不受侵犯。每个人都有一个属于自己的私密空间，将自己的所有小秘密锁在这个空间里，不想让任何人知道。如果我们因为觉得朋友之间的关系亲密，就想将对方所有的事情都知晓，甚至是将对方所有的小秘密都一一获悉，那不仅不会加深我们之间的友谊，相反我们的友谊可能会就此止步。

李强和张建是两个关系很好的朋友，两人性格各异，李强性格开朗、好动、无拘无束，张建细心、沉稳，互补的性格让两个人的相处更融洽，他们像是一对默契的搭档，在公司里创造的业绩，让人羡慕不已。细雨蒙蒙的一个下午，李强带着女朋友逛商场，回来的时候，路过张建的住所，于是顺便去看看张建。打开张健的门，里面收拾得很整洁，但是张建却不在，于是李强和女朋友一起坐下来等张建，为了显示和张建的关系铁，李强开始乱翻张建的东西。女友一再劝他，但是他丝毫不理会。李强突然之间从抽屉里翻出一个精致的笔记本，打开一看，里面是张建的日记，女友劝他不要再接着看下去，但是李强因为好奇心，还是不断地看下去，里面有张建关于自己失恋的记忆，还有张建对于自己爱情的留恋，对于恋人的忏悔。正当李强看得兴致勃勃时，张建回来了，他一眼就看见了李强手中的笔记本，他很生气地让李强放下笔记本，怒吼着让李强及女友赶紧走，李强一看张建这样不顾及自己的面子，甚至连自己的女朋友也一起责骂，于是气冲冲地拉着女朋友的手离开了张建的住所。后来当李强上班的时候，再也没有见到张建，原来张建已经辞职。李强开始的时候还觉得张建的气量小，一星期之后，觉得事情不大对劲，于是就赶往张建的住所，但是房子里住的人已经换成了张建的亲戚，张建已经去了南方。这对关系很好的朋友，就因为李强的翻看隐私而最终成为陌生的路人，想想着实可惜。

朋友之间的关系好，这是很正常的，但是关系好，不代表所有的秘密都要一起分享，两个人不再有隐私。每个人都有不想让别人知道的隐私，都有积压在自己心底的小秘密，只要这种隐私不会影响到两个人之间的友谊，就是合理的。正如心理学家劳伦斯基说的那样："如果一个人没有一点属于自己的秘密，那这个人就不是一个可靠的人。"朋友的交往是因为彼此有很多值得吸引对方的地方，因为某些方面的相同或相似，而让双方成为志同道合的好朋友。但是大家之前因为彼此生活环境的不同，因为所经历的各异，各自心中多多少少都会有不想让人知道的秘密。如果我们觉得两个人是亲密无间的好朋友，因此就可以分享对方心中所有的小秘密，甚至是将对方的小秘密拿来分享给别人，这对朋友来说就是一种伤害。每个人都有自己的隐私权，当这种最隐秘的私人权利受到威胁的时候，对方又怎么可能会和你继续做朋友？

所以，我们在和朋友相处的时候，一定要注意不要随便打听对方的隐私。每个人都可以保有一块不受任何人干扰的私人空间，这往往会让朋友之间的关系相处得更融洽。

别用你的依赖和控制让朋友感到疲倦

朋友是和自己志同道合,有共同兴趣爱好,有共同语言的人。两个人能够成为朋友,首先建立在两个人地位平等的基础上。任何一方想控制、依赖朋友,或者是想被控制、依赖,都不会让双方彼此之间的友谊更加深厚,相反只会让双方之间的关系更加单薄。

18岁以后的年轻人,进入社会后,往往开始脱离家人的保护,逐渐开始一个人在社会上独立打拼的生活。很多人因为刚开始摆脱父母的管制,自己变得毫无主见,于是喜欢听从朋友的建议,时间一久,就会变得越来越没主见,不知不觉中,越来越依赖朋友。还有些人从小自主意识就特别强,长大以后,在和朋友的相处过程中,往往也喜欢朋友什么都听自己的,喜欢控制朋友。持有这两种观点的友谊,都不是正确的友谊方式,真正的友谊,是在和朋友相处的时候,两个人能够在平等的地位上共同商量问题。

不是每个人都喜欢被控制,也不是每个人都喜欢被人依赖,尤其是自己的朋友,很多人经常会困扰于这种问题。可能短时间的相处,不会引起很大的纠纷和情感上的纠葛,但是时间一久,就容易因为双方之间这种扭曲的方式而影响到彼此之间的感情,很多好朋友可能会因为这种扭曲的友情而分道扬镳。

张静现在整天困扰于她和李小宁之间的友情关系。张静是个没有主见的人,于是经常喜欢让别人给她拿主意,因为李小宁是她的好友,于是张静经常喜欢让李小宁给她拿主意。前几天,张静买了一些贴厨房的墙纸,这是她和李小宁一起去超市买的,李小宁很喜欢这种墙纸,在她看来,红白相间的墙纸能使房间活跃起来，张静见李小宁买了，于是自己也花钱买了些这样的墙纸贴在厨房里，但是她不喜欢这种蜡烛条式的墙纸，每次做饭的时候都感觉自己像在牢房里做饭。张静觉得自己既花了钱，还不能让自己满意，真的很不值。于是在这件事情中，她知道自己不能总是依赖李小宁，两个人的兴趣毕竟是不同的。当她们一起去买鞋的时候，张静看上了一双高跟的皮鞋，但是李小宁不喜欢，于是就劝张静不要买，但是张静没有听她的劝，最终还是买下了那双鞋，李小宁的脸色很不好看，很有趣的是，李小宁最后也买了一双那样的鞋，因为那种鞋很时尚。现在张静还是将李小宁当成是自己的朋友，要想将两个人之间的关系彻底断绝是不可能的。张静想的就是，让自己变得更有主见，不能再受李小宁意志的左右。

生活中，很多人因为和朋友在一起相处的时间长，就觉得朋友是自己的支柱，于是很多事情，自己不会主动做决定，什么事都喜欢听朋友的决定，但是朋友的决定，又未必会让自己满意。经常喜欢依赖朋友，事无巨细地全凭朋友做决定，也会让朋友不胜其烦。每个人都有自己的思想和自己要办的事，多动动脑筋，就会做出一个真正适合自己的决定。

朋友的作用不是让他成为我们生命中那个为我们拿主意做决定的第一人，他们不是主宰我们生命的关键人物，仅仅是我们在拿不定主意时候的商议人选。用别人的意志左右自己人生的人，往往会让自己活地没有意思，也会让朋友不断远离他，有谁愿意和一个没有一点主见的人交往呢？这样的扭曲的友情，甚至不能再称为是友情，反而会成为彼此生活中很难摆脱的束缚。

所以，我们在和朋友相处的时候，首先应该定位好朋友在自己生命中的位置，做好自己生命的主人，不要让友谊成为彼此生命中的牵绊。

做不成朋友就做路人，千万别为自己树敌人

职场中人经常有这样的感受，和职场上的同事成为知心朋友是很困难的一件事，同事之间牵扯最多的往往是利益上的关系。所以，如果双方在统一战线上的时候，可能会成为朋友；如果双方不在统一战线，就会成为井水不犯河水的陌生人；如果战线正好是相互敌对的关系，就会成为针锋相对的敌人。可是这种划分朋友和敌人的标准，真的就是正确的吗？

对年轻人来说，职场上的规则我们知道的还不是很多，人生经验也不是很丰富。很多人经常会意气用事地处理自己和别人的关系，自己有好感的人，就会成为朋友；没有好感的人，全被我们视为敌人。这种做法会为我们的未来树立很多的敌人，以后的人生路会因此走得更加艰难。

人们经常说，朋友多了路好走，就是因为朋友能在我们需要帮助的时候为我们雪中送炭。如果因为对方和自己的关系不好，因为对方是自己讨厌的人，因为对方的利益和自己的利益是相矛盾的，就故意诋毁对方，将对方当成是敌人看待，这样的方法对自己就是有利的吗？虽然我们可以向对方表示出我们的不满，但是如果我们充满敌意地对待对方，对方同样也会将我们视为他们的敌人，于是在我们通向成功的路上，他们或许会为我们设置一块块的绊脚石，让我们的成功之路变得坎坷无比。十个人的建设力度，往往赶不上一个人的破坏力度。所以我们在和别人相处的时候，应该谨记，就算不和对方交朋友，也千万不能将对方变为自己的敌人。

做人不能让自己太感情用事，尤其是年轻人，现在的我们年龄还不是很大，不知道如何拿捏好和他人之间的关系，我们血气方刚，容易冲动，很容易因为对方一句不如意的话，一个不善意的表情，而让自己怒发冲冠，说些不

中听的话，虽然自己的心里是满意了，但是却为自己的未来埋下了隐患。也许对方就是你成功路上最后的一道关卡，到那时再后悔自己的感情用事，是不是太晚了呢？

为了不让自己有这样的遗憾，从今天开始，就牢牢记住：就算不是朋友，也不能让对方成为自己的敌人。

第十四章 20岁后学会与恋人沟通
——让爱情甜蜜的相处智慧

18岁以后的年轻人，就是一个真正的成年人了。很多人已经坠入爱河，还有很多人即将坠入爱河。享受爱情的美好是一件很幸福的事情，但是和恋人之间的交往，不是自己想怎么样就怎么样的，要想让恋人对我们的爱更加持久，要想让彼此爱的火花更加璀璨，我们就应该懂得如何和恋人更好地交往，不要让自己不适当的爱的方式伤害对方，不要用自己浓烈的爱灼伤对方。

距离是让爱情保鲜的秘方

人们都说距离产生美，在爱情的世界中，同样如此。相爱的两个人因为相爱整天在一起耳鬓厮磨、如胶似漆，很让人羡慕。但不是所有的爱情都会在这种近距离中走向婚姻的红地毯，很多恋爱中的人经常会在这种没有自由的恋爱中丧失自己所有的幻想。

爱情虽使两个人在一起生活，但不是让两个人因为相爱而放弃各自的自由。近距离的爱情，未必会坚持得长久。有时候，保持一种距离美，反而更能让爱情坚持下去。所以相爱的时候，要想让爱情历久弥新，不妨让距离来发挥作用。

18岁以后的年轻人，在今后的生活中肯定会经历到自己生命中的爱情，也有很多人现在正经历着爱情的甜蜜。爱情的产生很奇妙，有瞬间产生的一见钟情，有长时间培养出的日久生情，不管是哪种方式产生的爱情，如果长时间地近距离接触，就会暴露出很多问题。两个人相爱可能仅仅是因为对方身上的某个细节吸引了自己，这种远距离的吸引，往往会让恋爱中的人有种朦胧美。当双方之间的距离成为零之后，恋爱中的彼此，会在这种近距离的相处中看到对方身上的种种缺点和毛病，并因此而对对方产生厌倦感。于是爱情很容易在这种近距离的接触中，逐渐冷却。

古人曾经说过："两情若是久长时，又岂在朝朝暮暮。"先人的爱情经验在今天同样适用。在今天这个讲究高效率的时代，爱情也变得高速度起来，很多年轻人一旦找到心灵所属的人，就不顾一切地和对方生活在一起，但因为近距离的接触，对方身上那些曾经吸引自己的优点全都被那些让自己接受不了的缺点取代了，于是很多人在这时候会向对方说声："对不起，我们彼

此不适合。”如果说肉体上的伤痛可以短时间愈合，那心灵上的呢？恋爱中的另一方又是否可以像我们一样洒脱地说声对不起，然后转身遗忘呢？

我们很多人因为自己年龄小，于是在感情中，经常觉得自己有本钱，一个不合适，换下一个。爱情不是儿戏，恋爱更不是游戏，两个人相爱，本来就是关乎自己一生的大事，要想看一个人是不是自己生命中的另一半，不是相貌决定的，不是性格决定的，而是在长时间的相处中，体会出来的。

在爱情中保持一定的距离，会让双方各自有彼此独立的空间，会让彼此有个自由呼吸的空间。近距离的接触，会让爱情中的朦胧美消失得无影无踪，保持适当的距离，这份朦胧美会长久存在。适当的距离，不仅不会让两人感到陌生，还会加深双方对彼此的思念和牵挂，这正是人们经常说的“小别胜新婚”。夫妻长时间零距离的相处，会让彼此的爱情消失在每天忙忙碌碌的工作和生活琐碎中，双方眼中的彼此都会因为近距离的相处变得不再那么吸引自己，而一旦双方之间有了适当的距离，心底的思念会渐渐涌起，对对方的爱才会逐渐凸现出来。

如果我们步入了爱情的长河中，一定要记住爱他就应该给他适当的空间，不要让自己的爱恋灼伤了对方，不要让双方近距离的凝视，成为了双方厌恶的由头。为了让自己的爱情永远新鲜，为了让自己在爱人眼中永远不失去吸引力，我们在恋爱的时候，一定不要失去理智，莫让自己的激情、自己的冲动成为断送爱情的绊脚石。

用宽容铺就爱情的坦荡之路

两个人能够最终因为相爱走到一起是一件很不容易的事，要想让两个人的爱情之路能够走得更坦荡，要想让两个人能够搀扶着走过人生的旅途，仅仅相爱是不够的,首先应该具有的是对对方的宽容和理解。

18岁以后的年轻人,很多人已经或者是即将坠入爱情的河流中,很多人在爱情中经常会迷失自己的双眼,眼中只有对方的存在,只看到了爱情的美好,看不到爱情下面隐藏着的危机。因为爱,所以恨不能两个人每分每秒都在一起;因为爱,恨不得让爱人在自己的眼睛范围内活动;因为爱,所以想时时知道对方到底在做什么;因为爱,所以电话经常响起,短信时时不断,为的就是更好地知道对方在做什么。爱人的不理睬往往会让我们心生很多想法,是不是不想理我了呢,又在做什么呢,为什么不回我信息、不接我电话呢,到底在做什么……很多的猜疑在长时间得不到解答后,成为了彼此产生矛盾的根源,于是双方因为这些小矛盾开始不断争吵,甚至一时冲动将对方身上原有的那些毛病也加在一起,让问题更加升级。

静下心来想想产生矛盾的原因,其实很简单,就是因为我们对爱人看得太紧,因为对爱人没有理解和宽容,如果自己大度一点,自己宽容一点,可能很多猜疑就不会产生。我们可以这样想:“他不接我电话,肯定是有原因的,也许现在正在工作吧”,“这么晚了还不回来,肯定又在加班”,如果我们能经常这样想想,多理解对方,又怎么会有这么多让自己和爱人心烦的矛盾呢?

我们在以后的爱情中也会有这样的经历,爱情要想持久,首先就应该理解和宽容对方,如果连这些基本的爱情品质都不具有,爱情又能拿什么作保证?

婚姻生活不可能总是卿卿我我的如胶似漆,不可能是朝夕相处的日夜相随,每个人都有属于自己的私人空间,如果因为见不到对方的身影,因为不清楚对方的行踪,就认为对方做出了对不起自己的事,就认为对方不再爱自己,这本身就是对我们爱情的不自信,也是对我们自己的不信任。假如我们对自己的爱人多一些理解,多一些宽容,也许就不会在胡思乱想之后对我们之间的爱情产生怀疑,就不会再胡乱猜疑之后对对方进行打击。

所以,我们在坠入爱河之前,应该首先检视自己,看看自己具不具备宽容和理解爱人的品质。因为宽容,就不会因为一点小摩擦而和对方发生口

角之争;因为理解,就更能理解对方难以言说的苦衷。宽容和理解,会让两人之间的爱情更持久,更默契。

科学家研究发现,人们之间的爱情,最多只能维持18个月,再持久、再激情、再浪漫的爱情,也会在18个月后发生质的改变,由爱情变为双方互为依赖的亲情。爱情不是消失了,而是转化了,由不食烟火的不能经受风雨的爱情变为了可以长相厮守的风雨同舟的亲情,要想让这种感情,经受住人生的风风雨雨,最重要的就是需要双方对彼此的宽容和理解。一个心胸狭隘的爱人,因为整天的斤斤计较,因为整天的盘根问底,因为整天的敏感猜疑,不仅让自己生活得很疲惫,他的爱人同样会因为他的小心眼而受罪。

爱情本该是甜蜜的,让人心动的,但是因为不理解,因为不宽容,很容易转变为人们心灵上的监狱,让所爱的人最终落荒而逃。这样的爱情结果,很让人扼腕,同时也让人不值得怜悯,因为这是自己酿造的苦果,早知道会有这样的结局,当时又何必做出这样的举动?

生活中这样的悲剧经常上演,因为不理解,因为不宽容,所以痛失爱人痛失爱情。我们在人生路上,要想让自己的爱情更加美好,要想让爱人陪自己走完人生的风风雨雨,对自己的爱人一定要宽容和理解。

饱含真情的蜜语才最甜

男女之间最美好的感情,莫过于彼此之间那让人艳羡的爱情。彼此之间迸发出的爱情火花,彼此之间情意绵绵的甜言蜜语,往往会成为爱情中最让人留恋的记忆。爱情因为甜言蜜语变得更为甜蜜,甜言蜜语更能推动爱情的发展。

作为刚成人的青年人来说,很多人对爱情的经验还不是很多,甚至是知之甚少，为了让我们以后的爱情之路走得更顺畅，我们要学会适当地对爱人说些甜言蜜语的情话。

古时，很多文人墨客都喜欢将这些甜言蜜语作为自己抒发感情的突破口，在字里行间，不仅能感受到他们对真挚爱情发自肺腑的赞颂，也能感受出他们细腻的情感。如元稹的“曾经沧海难为水，除却巫山不是云”，如白居易的“在天愿作比翼鸟，在地愿为连理枝”。古代的人们早就看出了，甜言蜜语在爱情中的推动作用。所以，要想让爱情甜蜜，少不了爱人之间的甜言蜜语。

再不会动感情的人，在遇到自己心爱的人时，也会不由自主地想向对方表明自己的感情；再不会说话的人，在心爱的人前面也会不由自主地滔滔不绝。人们经常说，再没有文学细胞的人，在恋爱时，也会变为诗人，因为他们总是会情不自禁地说出很多情意绵绵的话。我们中的很多人，可能尚未步入过爱河，尚且还不会说那些让爱人心动的话，在和爱人相处时，应该如何说好这些甜言蜜语呢？

对爱人说甜言蜜语，首先应该是真心的，不是为了欺骗对方，不是为了满足自己一时的贪念，而是自己真情实意的流露，只有发自肺腑的甜言蜜语才是最能打动爱人的话语。

甜言蜜语不仅仅是时时向对方说“我喜欢你”、“我爱你”，也不仅仅是整天说山盟海誓的诺言，而是表现在生活的一点一滴中。恋爱中的人，没有人不喜欢听爱人对自己说的那些甜言蜜语，只要自己有心，任何时候都可以成为说甜言蜜语的时机。在她起床的时候，给她发短信，告诉她：“因为你的存在，每天都是那么美好，希望我的爱，能够让你一天都有个好心情”；在她不高兴的时候，我们可以这样对她说：“爱人笑一笑，一天多美好；爱人愁一愁，工作没劲头”；在她寒冷的时候，将她拥入自己的怀中，让她感受到自己的温暖，并告诉她：“如果你冷，我会拥你入怀，因为我的胸膛永远为你而暖”。因为这些甜言蜜语，双方之间的爱情火花会碰撞得更加激烈，彼此之间的爱情，因为这些甜言蜜语的加入，会变得更加甜蜜、更加浪漫。

不仅女孩子喜欢听甜言蜜语,男人同样喜欢听爱人对他说出的甜言蜜语,很多女孩子,在恋爱中变得非常矜持,对于甜言蜜语,自己明明是想说出口,却总是话到嘴边的时候,因为羞涩而将它们重新放回肚里,这种做法往往会让爱人感觉不到女孩对他们的情意。作为女孩应该知道,对爱人说甜言蜜语是不丢人的,对爱人说出自己喜欢他、爱他、需要他不是一件难堪的事情,相反对方因为你的这些表白可能会更加爱你。男人虽然是理智型的,但是在情到深处的时候,依然会控制不住自己的情感,而甜言蜜语,就是让他们欲罢不能的最有效的武器。

不管是男孩,还是女孩,在以后的人生中,都会遇到让自己心动不已的爱人,当遇到的时候,不要因为不会说甜言蜜语,而让自己坐视这段真情的流失。敢于说出甜言蜜语,既能表白自己的真心,也能让对方明了他在我们心中的位置。用心用情的甜言蜜语,会让爱情之花开得更鲜艳。

恰当的亲密接触让爱情得到升华

爱人之间要想让彼此的感情更加浓烈,只有语言上的交流还是不够的,适当的亲密接触,会让双方的感情升华。要想让爱人更加喜欢自己,就应该和爱人有些适当的亲密接触。

如果说爱人之间的甜言蜜语是让双方产生感情的最好方式,那么彼此的亲密接触,既能试探出对方对你的情感,也能向对方传达你对对方的情意。如果对方对我们的回馈是积极的,往往会让双方的感情迅速升温。如果亲密接触的动作不当,往往也会毁掉双方之前的交往。由此可以看出,说甜言蜜语是很重要的,但是会不会亲密接触,对爱情能否成功,起的作用会更大。

亲密接触，往往是人们在情到深处时的不自主的动作，看到对方伤心，不由得将她拥入怀中，想给她温暖，想给她支持；看到对方羞赧的低下潮红的脸时，不由得想印上自己的吻；看到对方小心翼翼地前行时，不由得抓起她的手，想给她一点安全感。……这些亲密接触，让爱情之花在彼此的心中不断盛开，温馨的情意，在彼此的心中缓缓流动。适当的亲密接触，让爱人感受到的是踏实、温馨，是浓浓的爱。不适当的亲密接触，让爱人感受到的就是粗俗、狂暴和无理。所以，为了不让自己的热情灼伤爱人，我们应该知道在爱情中，如何和爱人亲密接触。

亲密接触，往往是在双方有了一定的感情基础上才会有的动作。没有任何感情基础，就想直接过渡到亲密接触，这样的人往往只是为了满足自己内心的欲望，这样的感情不是爱情，只是为了满足私欲。和爱人之间的亲密接触，应该是发自肺腑的喜欢使然，因为自己喜欢他、爱他，所以自己想和他有更亲密的接触，这是情不自禁地表示爱的一种方式。但是这种亲密接触，应该是在对方不反感的基础上，如果对方对我们的感情和我们相似，自然不会反对我们的亲密接触。温柔、甜蜜的亲密接触才能最容易卸下双方之间的伪装，也能轻易拉近彼此之间的感情距离。如果对方表示出反对，这时候的强行接触，必然会让对方大为反感，甚至会因此而中断和我们之间的交往。真爱一个人，亲密接触不是为了占有他，仅是为了更好地向他表示自己对他的爱意。

对男人而言，亲密接触，往往会显示出他们的热情和冲动，是爱让他们变得如此失控。对女人而言，亲密接触，会让她们更加戒备，因为自己还摸不准对方对自己的情感。要想通过亲密接触，让双方的感情升华，首先应该尊重对方的感受，只有相互配合的接触，才是成功的接触。

亲密接触，应该是循序渐进的，是水到渠成的。一个心急的人，只会让激情烧灭爱情。一个对爱无所顾忌的人，不会在意亲密接触给对方的影响，他的多情会让很多人受伤，他最终也会自尝恶果。一个对爱人尊重的人，不会让冲动迷乱了双眼，不会让冲动伤害了爱人，他们能控制住自己炽热的情感，因为他们在乎的是对方的感受。

亲密接触往往会让人们更坚定自己的情感。所以，我们要想和爱人亲密接触，一定要谨慎，自己对对方的态度应该是负责的。对于年轻人来说，刚刚进入社会，需要的是真实的恋爱，那种吗啡式的恋爱，不仅不会让我们感受到爱的诚挚和芬芳，反而会让我们惹祸上身。

每个人都希望自己能够经历一场刻骨铭心的爱情，每个人都希望爱人的心中只有自己一个人，每个人都希望自己和所爱之人能够有情人终成眷属，要想让我们以后的爱情之路更加坦荡，要想让我们的爱情更加持久，我们应该牢记，亲密接触，往往会成为我们感情的升华剂。

所以，在恋爱的时候，要做一个机智的人，不要让自己成为一个不懂亲密接触的"木头"。

让吃醋这件事变得甜蜜起来

恋爱中的人，经常会因为对爱人的爱，而吃醋。在爱情的字典里，吃醋是出现频率最高的一个词。就像古龙说的那样："这个世界上，不吃饭的女人还有几个，不吃醋的女人，一个都没有。"在爱情中，不吃醋的人也是微乎其微的，除非不是真正的爱情，才能对自己面临的威胁无动于衷。

作为刚成人的我们来说，自己在爱情的道路上，肯定也会经常面临一些爱情上的威胁，于是很有可能经常会吃爱人的醋，不管自己是偷偷地吃，还是光明正大地吃，吃醋都不应该只是品尝到了里面的酸味儿，还应该从中体会到爱情的甜味儿来。如果自己不是因为对爱人浓浓的情意，自己又怎么可能在面临爱情的威胁时，打翻了醋坛子呢？

很多爱情中人经常会在爱情中，为自己的爱人打翻几年不用的醋坛子，看见爱人和其他异性交往时，有时候明明知道这是正常的，但是因为这种本属于自己的专利被其他人夺去了，自己就会无法遏制地和爱人吵架，和“情敌”争辩。为什么人们在爱情中会吃醋，就是因为人们嫉妒自己本该得到的爱被别人抢占了，自己受到了爱人的忽视，所以，自己心中不甘，就是因为自己在乎对方，所以希望自己能够得到对方同样的感情回应，当对方将感情投到别人的身上时，自己当然会生气、嫉妒，甚至是大怒，将自己的不满迁怒到那个夺去爱人注意力的人身上。

换个角度来说，吃醋是一件好事，因为它可以让我们明了自己内心的感受，明了对爱人的感情。因为有爱，所以才会吃醋，假如自己对对方没有感情，自己又怎么会关心他对谁好呢？同时，吃醋也可以让我们看出自己在爱人心中的地位，假如我们心仪的人，为了你和别人吃醋，你是不是应该感到高兴呢？因为我们从对方的吃醋中验证出了对方的感情，这不是很值得高兴的一件事吗？

如何判断一个人是不是吃醋呢？女人吃醋的时候，经常是向男人要小性子，佯装发怒、杏眼圆睁地看着男人，期望对方能过来安慰自己，只要男人说些好话，女人的怒气就会烟消云散，因为她的目的达到了。一个深爱着男人的女人，总是将自己的醋坛子时时放在身边，爱越深，醋越多。当女人吃醋时，很多男人会感到厌烦，总觉得女人这是在没事找事。而当女人不吃醋时，很多男人又会感到很受伤，因为发现女人对自己的爱，不如自己想象得多。所以，在恋爱中，让女人为你吃点醋，似乎更能验证自己在女人心中的地位。千万不要以为，让心爱的女人为自己一直吃醋是很得意的事情，吃醋的目的是为了品出爱情的甜蜜，不是为了让醋味儿成为爱情的唯一味道，久而久之，对方肯定会因为我们的不在乎，抽身而退。

不仅女人在恋爱中经常吃醋，男人也同样如此。男人在恋爱之后，发生的最大变化，就是在心爱的女人面前，情感变得非常敏感，尤其是面对情敌时，更是让自己变得和好斗的公鸡一样，时时在爱人面前，示威似的守护着自己的爱人和领地。男人一旦吃醋，很容易让自己变得好斗，在女人面前经

常表现得很敏感,有些男人还会做出些奇怪的举动。比如会将女人管的严严的,就是上班下班,也要接送,虽然浪费了他很多的时间和精力,但是他却乐在其中,因为他保护了自己的爱人。如果我们是女孩子,这时候的我们,很多人可能会为此困扰,但是我们应该清楚,正是因为对方爱我们,才会这样做啊。所以,仔细想想,这样的吃醋,确实别有一番味道,细细品尝,果然能品尝出爱情的甜蜜。

爱情的花朵,少不了营养的浇灌,在恋爱中,醋不仅仅是调味品,更是一种不可缺少的营养品。没有吃醋的刺激,两个人的爱情就会变得干巴巴的。但是切记吃醋也是有限度的,假如我们不想让爱人最终一身醋味儿地离开我们,最好的方式,是在对方吃醋的时候,及时奉上自己的解释和爱,让对方在吃醋的同时,品尝到甜蜜的爱情果实。

爱他,就包容他的过去

恋爱中的很多人,总喜欢打听爱人的过去,有些时候,甚至是千方百计想从爱人口中套出他的过去,他以前有过几个恋人,以前的生活怎样……爱人的过去成为很多人痴迷的东西,他们甚至认为,既然已经成为了爱人,对方的过去同样是自己应该知道的事情。

每个人都有自己的过去,很多人的过去可能是不堪回首的,甚至是不想让现在的爱人知道的,于是他们自动会将过去的内容,从谈话中删除。我们中的很多人,在恋爱的时候,往往经常喜欢打听爱人的过去,想从爱人的过去中得到很多信息。我们可能对爱人说:“我不在乎你的过去,你告诉我吧,我不会介意的。”在知道爱人的过去后,有多少人又会真的不在意?爱人的过去像一根刺深深地扎在我们的心里,让我们无法释怀,甚至因此而改变对方在我们心中的形象，于是双方之间的争吵开始变得再平常不过，对恋人的感情不再像以往那样炽热，对爱情的意志不像以往那样坚定，因为对方的过去让我们难以接受，于是在苦苦的挣扎中，很多人选择了放弃。为了将心中那根刺拔掉，很多人最终与爱人擦肩而过。

我们应该清楚的是，我们现在的爱情，是对现在爱人的爱，不是对过去爱人的爱，爱人的过去，已经成为了无法改变的历史，不管对方以前经历过什么样的事情，不管对方以前有没有恋人，有过几个恋人，这些都是我们所不能控制和改变的，只要此刻对方爱着你，这样就足够了。老是纠缠于恋人的过去，会让我们活得很累。

每个人都有属于自己的隐私，每个人都有不想被人知道的小秘密，哪怕分享秘密的人是自己爱着的人。甚至于有时，人们最不希望获知自己秘密的人，往往就是最爱的那个人，因为他们不想让过去成为彼此爱情的绊脚石。相爱的人，往往因为感情的亲密忽视了很多事情，其中一项就是隐私。很多人因为无心，说出了很多自己过去的事情，这些事情在自己看来可能是最为隐蔽的事情，因为和爱人的关系亲密，所以将其拿出来共享。自己的无心，往往会成为日后路上最大的障碍，很多女人因为在热恋中贡献了自己的过去，结果当两人分道扬镳的时候，这些秘密往往就成了对方攻击自己的利器。很多女明星的事情，可以成为我们中的很多人的例子。不完全告诉别人自己的过去，不是故意有所隐瞒，而是为了更好地保护自己，保护爱情。

爱一个人是不需要知道他的过去的，因为我们爱着的人，是现在的实实在在的人。如果一味打听对方的过去，就会让自己和爱人陷入无限的痛苦中。与其遗憾自己不能早日出现在对方的生命中，不如好好珍惜现在相爱的每一天。过去是不能改变的，但是现在的一切却决定着明天。

茫茫人海中，能够碰到自己爱的人不是一件容易的事情。对待爱人应该学会宽容，好好珍惜彼此在一起的缘分。不管对方的过去怎样，只要现在两个人在一起是相爱的，那就够了。人是向前看的，总是生活在以往的回忆中，会让人更消沉。过去的就让它过去吧，既然成了回忆，那就是用来怀念

的，不是用来发泄的。所以，我们应该将眼光放在现在和将来，让自己走出对方过去的桎梏。只有这样，两个人的未来才会精彩。

别在爱情中迷失自己

恋爱中的人，经常会因为爱情的甜蜜，而将爱人看成是自己生命中最重要的那个人，将爱情看成是自己生命中的一切，其他的人、其他的事，在自己的生活中，变得不再精彩，变得不再有意义。为了爱情，可以抛弃一切，为了爱人，自己可以不和其他所有的人联系，这样的观点真的就是正确的吗？

18岁以后的年轻人，可能还没有在社会上打拼的经历，不知道如何给自己所爱的人定位。因为仅看到了爱情的美好，看到了和爱人相爱时的美妙，于是就认为，爱人是自己生活的全部。以为有了爱人，自己可以没有朋友，这样就能证明自己对爱人的忠诚。

就是因为有这样的观点，很多人看不见自己除了恋人以外的寂寞。每个人都有自己要做的事情，每个人都会有自己的交际圈。如果我们认为自己已经有了爱情，并且认为爱情就是生命中的全部，以此来抵制友情的光顾，那么当爱情消失的那天，自己用什么来慰藉那颗受伤的心灵。

我们在谈恋爱的时候，一定要定位好爱情在自己心中的位置，给爱人一个准确的定位，我们心中的位置，不全是为爱人留的，爱人应该是我们生活中的一部分。就像一个人的一生中，和爱情并驾齐驱的还有亲情、友情，这些都是我们生活中不可缺少的东西。一个为了爱人抛弃自己所有亲朋好友的人，他的爱情太自私，这样的爱情是没有保障的。

将爱人看成是自己生命中的一部分，不表示我们对爱人不忠诚，不表示我们对爱人的爱情不坚固，而是自己应该有的交友圈，自己生命中同样不可或缺的一部分。真正的爱情不是自私的，是兼容的，兼容我们的友情、亲情、同学之情、同事之情，只要在这些感情中，不出现和爱情相抵触的情感，都是很正常的。

因为友情的存在，我们的生活不会空虚，我们的生活，不会因为爱情的存在而偏离了正常的轨道。爱情不等同于友情，爱情是自私的，但友情是无私的。有朋友的人生路，才会更好走。

亲情同样是不能割舍的最深的情感，我们从小到大，最不能忘怀的就是父母和亲人对我们的爱，这些爱是我们整个生活中，最不能缺少的一部分。假如一个连我们的亲人都容不下的爱人，我们在他们心中的地位又是怎样的呢？亲情和爱情是不矛盾的，总有一天，爱人也会变为自己至亲的亲人。

所以，我们爱一个人，不要因为爱情的美好就遮住了自己所有的视线，有个自己的交际圈，为我们的爱情多点儿呼吸的空间。爱情不是生活的全部，爱人同样不仅仅是我们生命中唯一的那个人。为了爱人，放弃很多本来应该具有的东西，最后的结果只会让我们后悔。

好的爱情是双赢，不需要过多的迁就

爱人能够最终走在一起，成就有情人终成眷属的美好结局，的确是让人欣喜的一件事情。相爱的两个人，往往会因为爱情而相互迁就对方。因为爱对方，所以宁愿自己多付出，包容对方身上所有的缺点。一有问题出现，就完全迁就对方，这样的做法真的就能换来两个人幸福的婚姻吗？

年轻人刚开始品尝到爱情的甜蜜，很多人对爱情缺乏经验。在恋爱中，不知道如何和爱人更好地相处，对于对方的身上的缺点，因为害怕破坏双方原有的关系，于是一味地迁就对方。人的承受能力都是有限度的，迁就不能

解决掉所有的问题，当对对方的迁就超过了自己所承受的极限时，很容易让我们的积怨爆发。要想免除爱情中的这种后患，我们就应该在开始的时候，给自己树立这样一个观点：不能太迁就对方。

一个结婚不久的男人在和朋友聊天的时候，总奉劝那些没有结婚的朋友，不要太迁就自己的爱人，因为他现在对生活中的琐碎不胜其烦，但是自己还不能当着爱人的面发泄，都是因为自己在恋爱时太迁就对方了。这个男人对女友的爱要比女友对他的爱多得多，所以，一起生活的时候，他承担的要比女友承担的多得多。恋爱的时候他没觉得这样做有什么不妥，毕竟自己是男人，所以，他也未将其放在心上。但是婚后的生活，让他一再后悔自己当时的迁就。现在的他快成了家庭妇男了，每天饭是他做，衣服是他洗，甚至所有的家务也都是他干，就是因为在恋爱的时候，他对她太好了，什么事情都是他主动干，于是她认为这些事情，现在理所当然还是他干。现在他一不想洗衣服了，她就说，他对她没有以前好了。事实上是他现在的压力也挺大，家务活本来就应该两个人干，但是因为当时的迁就让妻子已经习惯了那种衣来伸手饭来张口的生活。现在男人经常是有苦也无法诉说，只能每天一个人承受着这种痛苦。

生活中经常会出现这样的情况，因为一方的迁就，让另一方认为对方的这种做法理所当然，甚至一旦想摆脱这种迁就的时候，对方会产生很强的抵触情绪，甚至因此而影响到双方之间的感情。要想真正杜绝这种情况的出现，就应该在爱情开始的时候，不要老是用迁就的态度包容对方身上的缺点，一味迁就是最不能解决问题的方式，虽然在当时的作用可能很显著，但是这种解决方式背后的祸患会影响到两个人婚后生活的始终。

爱情是两个人的事情，同样爱情中的责任，也是两个人一起承担的。人无完人，每个人身上或多或少都会有让爱人难以接受的缺点，因为爱情的存在，我们委曲求全地迁就了对方，虽然我们付出了，但是爱人未必就会懂得我们所付出的一番苦心，甚至因为他们不了解我们的付出，未意识到自己身上的缺点，在以后的生活中，这种缺点会越来越多，以致难以改变。

爱情是在双方平等的基础上建立的，没有谁欠谁的说法。我们爱他，是他的福气，没有必要因为爱他而让自己受苦受累，这对我们自己来说是不公平的。恋爱中的两个人都是爱情的主角，因为我们的迁就，对方就会觉得他们主宰了我们之间的爱情。他们体会不到我们对爱情所作出的让步，看不到我们对他们的迁就，他们会将我们的迁就当成是我们性格的懦弱，并因此而看轻我们，更加不珍惜我们的付出，更看不到我们的良苦用心。

要想不做爱情的配角，我们就应该敢于说出自己对爱人的感受，不要因为怕伤害他而不敢说出心里的不满，不要因为怕伤害我们之间的爱情，而让自己一再忍让、一再迁就。好好和对方进行沟通，告诉他们我们所不能容忍的缺点，让他们积极改正。只有这样才能从根本上解决问题。迁就的下场是爱人的得寸进尺，而沟通的结果则是爱人的可喜改变，如果他真的爱我们，他会改变；假如他根本就不在乎我们的感受，迁就一样不会换回对方对我们的感动和爱。

爱情靠迁就是走不长远的，爱人靠迁就是不能携手一生的。真正的爱情，是双方在相互理解、相互包容的基础上共度一生。

第十五章

20岁后要会经营幸福家庭

——让婚姻和谐美满的交际策略

一个人的家庭是否美满幸福会直接影响到这个人的心情，并会影响到他和别人之间的交往。家庭幸福的人，往往会非常乐观，喜欢和别人交往，工作的时候也会充满动力和信心。作为已满18岁的年轻人，在不久的将来，我们同样会有一个属于自己的小家庭。当我们知晓了家庭美满的幸福之道并加以运用，幸福的生活自然会光顾我们。

夫妻间多说点情话让感情越酿越浓

18 岁以后的年轻人,因为年龄小,或许对于感情上的经验尚且匮乏。但是婚姻是每个人都要经历的,对于刚成年的我们来说,也应该懂得一些关于感情方面的知识。

两个人从相识到相知再到相恋相爱,直到最后步入婚姻的殿堂,当爱情经过了高峰期后,就会慢慢地成为夫妻之间深深的感情。有人说,婚姻是爱情的坟墓,这句话是有一定道理的,因为一旦进入婚姻的围城,本来浪漫的爱情就会在柴米油盐等日常的生活琐碎中被磨炼成亲情,失去神秘面纱的爱情在一日日的蹉跎中,变得不再令人神往。如何才能让夫妻之间的感情更加牢固呢?如何才能让爱情不随时间的流逝而消逝呢?

要想让夫妻之间的感情更加牢固,就应该学会说些甜言蜜语。甜言蜜语是增进夫妻感情的牢固剂。夫妻之间的感情在经过长时间的相处后,肯定会日趋平淡。很多夫妻在结婚后,关系冷漠,往往就是因为夫妻之间的语言太苍白,没有太多的感情在里面,所以导致双方之间的情感逐渐冷却,直至走到破裂的边缘。要想让夫妻之间的感情保持新鲜,就应该多和对方说些甜言蜜语的情话。作为年轻人,在不久的将来肯定也会有属于自己的小家,为了让自己以后的感情生活更加甜蜜,现在的我们就可以为自己增长一些这方面的知识。

有些人一听甜言蜜语,就以为是在欺骗别人,这是一种误解。甜言蜜语的目的如果是为了让别人上当受骗,那当然是不好的,但是对于夫妻感情而言,如果两个人的感情没有出现太大的问题,甜言蜜语会让夫妻之间的感情更加深厚。

要想说出一些能让对方受用的情话，这是需要锻炼的，当我们在对我们的那个他（她）说情话时，应该从哪几方面说呢？

首先，甜言蜜语的情话，当然少不了对对方的真实感情。经常对对方说“我爱你”、“我喜欢你”之类的话，即使你可能说过了无数遍，但我们每说一次，彼此之间的感情就会加深一点。人们经常会在忙忙碌碌的生活和工作中，淡忘了那些曾经有过的真情。一句“我爱你”，会让爱人重新感受到自己在我们心目中的位置，会让对方更能体悟到我们对他的浓浓深情。

其次，要学会赞美对方。很多人在恋爱的时候，对方身上的一点小变化，一个头型的改变、一件合身衣服的装扮都会让他在第一时间作出反馈。但是一旦结完婚，夫妻生活一段时间后，就会很难发现对方身上的变化，完全注意不到对方身上所散发出的魅力。因此，我们要经常注意对方身上的小小改变，看见对方穿了件新衣服，真诚地说声：“你穿上这件衣服真漂亮。”我们会发现，自己一句无心的赞美，会让对方一天都有个好心情，这就是甜言蜜语的威力。

再次，夸赞对方的行为。因为日常的琐碎，再加上长时间的相处，很多人会认为自己的爱人对家庭所做的付出是应该的，所以，很多事，对方做得很优秀，我们也只当其是理所当然。多夸赞爱人的行为，“这件事情你想得很周到”，“这件事情真是多亏了你啊”，经常向对方说些对他行为肯定的话语，也是爱他的一种表现。我们的甜言蜜语会让他们觉得自己的辛苦没有白付出。

多掌握点说甜言蜜语的方法，对自己以后的感情生活是很有帮助的。说甜言蜜语不是为了哄骗对方，而是对爱人的一种体贴，这种体贴会让夫妻的感情之花持久绽放，让双方的爱情更加甜蜜。

信任是保持婚姻和谐幸福的基础

两个人从相爱到走进婚姻的殿堂，都是经过了一定的考验和一定的感情付出的。婚姻的路很长，两个人从步入婚姻殿堂的那天起，就已经决定要相守一生，要白头偕老。但是婚姻生活毕竟是平淡的，再加上婚姻外的诱惑那么多，两个人要想携手走过一生，谈何容易。

作为年轻人，要想让自己以后有个幸福的婚姻，就应该学会相信对方。因为信任是幸福婚姻的基石。

两个人在一起生活，如果相互猜忌，相互怀疑，就会让生活变得非常累，三天一大吵，两天一小吵，这样的日子没有人喜欢过，这样的婚姻生活，肯定也长久不了。幸福的婚姻之所以能结成，就是因为两个人有感情基础，两个人能生活在一起，能相爱，首先就应该相信对方。一个整天怀疑自己爱人的人，是因为他对自己没有信心，担心自己的魅力没法和外界的诱惑相比，所以，为了不让爱人离自己而去，就时时监督爱人，对爱人的行踪要知根知底，甚至是派人专门监视。殊不知，这样不仅不会留住爱情，还会让爱情加速消失。

爱情就是手中紧握的沙子，抓得越紧漏得越快，学会顺其自然，反而会抓得更久抓得更多。要想让爱长久，靠监视、提防是不行的，一个不给对方私人空间的婚姻，只会让彼此之间的爱情因为窒息而速速消亡。尚未踏入婚姻城堡的我们，应该知道，爱情不会因为你喜欢他、你想占有他就能长期存在，而是要相信对方，才能获得真正的爱情。

在今天这个物欲横流的社会上，太多的诱惑对于婚姻中的任何一方都是考验，尤其当两个人相差悬殊的时候，弱势的一方更会因为自己的自卑而

不相信对方,哪怕对方没有什么事,也会为对方的某个行为戴上一顶堂而皇之的出轨帽子,可是自己根本就不知道事情到底是怎样的,只是自己一厢情愿的臆想。因为自己的执拗,所以不听对方的解释,就算对方给自己的解释,就是整个事情的经过,但是很多人还是因为没有听到自己想象中的那些细节,而坚信对方所说的话,就是在欺骗自己。于是争吵开始不断上演,于是夫妻的感情逐渐出现缝隙,很多婚姻就是在这种无休止的争吵中拉开了离婚的序幕,很多爱情就是在这些争吵中消逝的。

我们要想不让自己的婚姻上演这种悲剧,就应该互相信任,对配偶忠诚,珍惜彼此。同时我们也应该相信配偶对我们也是忠诚的,对我们也是信任的。因为信任会让我们时时保持清醒的头脑,会让我们不受到那些风言风语的影响,这样可以最大程度地保障婚姻的安全。因为信任,所以才有了婚姻。因为信任,所以才会选择彼此做自己生命中的另一半。

婚姻本来就是一件很冒险的事情,如果因此就将对方束缚在自己的身边,束缚在一个小小的家庭中,这样的安全措施真的就安全吗?这种维系婚姻的方式是最荒唐的,身体是束缚住了,但是内心呢,内心的背叛往往是让爱情死掉的最根本的原因。

要想让婚后的夫妻感情依然牢固,我们应该学会使用正确的方式。要想让我们在婚姻中不受到伤害,要想不伤害我们的爱人,就要学会彼此信任。不管哪一方,都应该有和他人正常交往的权利,而另一方不能用不正常的眼光看待和猜疑对方。一句不信任的话,可能就会伤害对方,夫妻之间的感情,可能也会因此而产生裂痕。长此下去,肯定会影响以后婚姻的恒久和稳定。

所以,为了以后能有个幸福的婚姻,我们应该明了,幸福的婚姻,必须得是用信任做基石的。

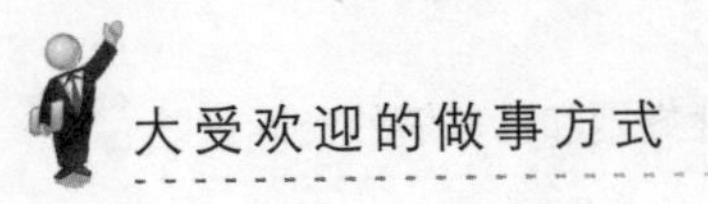

偶尔互换角色，让孩子做回家长

父母最大的心愿就是希望孩子能够长大成才。但是现在的生活条件好了，很多家庭中往往只有一个独生子，因为父母的溺爱再加上孩子的任性，很多孩子从小就反抗家长，让家长无计可施。

18 岁以后的年轻人，在不久的将来都会有属于自己的小家庭，也终会有一个让自己含在嘴里怕化了，捧在手里怕掉了的孩子。如果孩子不听自己的话，就贸然采用体罚或者是责骂孩子的方式，很容易让孩子养成叛逆、内向或者是孤僻的性格。因此，我们应该学会一种正确的教育孩子的方式。

要想让孩子更理解家长的苦心，仅仅说教是不够的，因为孩子还小，不能完全理解父母为自己所做的付出。而孩子也有自己的世界，家长经常以成人的观点去看待孩子的世界，往往也会出现错误的认知方式，不知道孩子的想法。要想让孩子懂得父母所付出的心血，要想让自己更好地理解孩子，偶尔换一下双方的角色，让孩子做一回家长，让家长体会一下孩子的世界，可能会收到很好的效果。

小伟的爸爸现在正坐在教室里听着英语课，认真做着笔记，而小伟现在正在扮演爸爸的角色，在家中做饭。这是因为小伟所在的中学要举行三天“父子角色”互换活动，在这三天的时间里，小伟的爸爸必须按时上课，参加学校的考试，还得注意全班的排名。而这三天的时间，小伟也要以他爸爸的身份去上班，不仅如此还要回来做饭，检查“孩子”的作业，辅导“孩子”功课。三天时间过去了，小伟的爸爸深有感触：“孩子读书是真不容易，每天早上五点钟起来背单词和课文，每天有七节课，每节课四十五分钟，中间休息十分钟，晚上还要上晚自习，回到家写完作业就 10 点了，还要等家长看完签字后，

才能上床睡觉。”小伟三天下来，也是深有感触：“三天的时间，自己不仅要去上班，应对一大摊子的事情，回到家还要做饭，还得检查‘孩子’的作业，自己已经很累了，但是在‘孩子’面前还得表现出一副没事的样子。”经过三天时间的互换角色，小伟在爸爸身上看见了奋力拼搏的影子，爸爸为了不落人后，每天努力学习的精神很值得自己学习，而且经过三天的互换角色，小伟也知道父母到底有多辛苦了。

这样的活动可以经常举行，既让父母体谅到了孩子的难处，也让孩子知道了父母的不容易和辛苦。双方在以后的生活中，会更能理解对方。作为父母，可以为孩子提供实质性的帮助，可以更能抚慰孩子内心的痛苦。作为孩子，知道了父母的不容易后，会更体谅父母的难处，在以后的生活中也会更加懂事。

和谐父子关系就是在相互理解和相互体谅的基础上建立起来的，互换角色，可以让双方更能站在对方的角度上想问题，解决问题。所以，我们在以后教育子女的时候，不妨采用这样的方式，既省力还会收到好效果。

互换角色不仅可以帮助我们建立和谐的父母和孩子的关系，也可以更好地缓解父母和孩子之间的矛盾。很多孩子之所以和父母老是闹别扭，就是因为不了解父母的苦楚，不知道父母的一片良苦用心。经过角色互换，孩子可能在想问题的时候，就会站在父母的角度上了，这样一来，双方之间的矛盾可能就会轻易地化解了。

作为刚成人的我们，在以后的生活中要想让自己孩子的教育能够成功，平常多和孩子进行一下角色互换活动，可能对孩子以后的成长会有很大的帮助。

希望我们每个人都成为会教育孩子的家长，会体谅孩子难处的家长。

夫妻间没有隔夜仇，有矛盾及时化解

夫妻两人朝夕相处，难免会发生一些小争吵、小摩擦。这本是很正常的事情，可很多小夫妻不知道如何处理这种小争吵、小摩擦，如果任由矛盾发展下去，会直接影响到夫妻两人以后的感情。18 岁以后的年轻人，不久就会步入婚姻的殿堂，对于感情上的事情，我们的经验还不多，要想让自己以后的婚姻生活甜蜜，学会正确地化解双方之间的矛盾，是一个很重要的方面。

夫妻之间有矛盾是很正常的一件事，两个人的结合，不仅仅是因为两个人彼此喜欢，更重要的是相互接受对方，包括对方的性格、习惯，以及对方的世界观、人生观和价值观。人在相恋的时候往往不会考虑这些和生活息息相关的因素，但这些东西不会消失，一旦步入婚姻生活，再不食烟火的相爱，再浪漫的爱情，也会在日常的生活琐碎中，失去脱俗的面纱。因为习惯的不同，因为性格的不合，因为世界观、价值观和人生观的不同，很多夫妻经常会发生口角之争，一点鸡毛蒜皮的小事也会成为家庭战争的导火索。有了矛盾，很多夫妻会选择冷战，谁也不和谁说话，谁也不会主动向另一方道歉，于是感情不断降温，爱情不断冷却，时间一久，双方很难再耳鬓厮磨，甚至是开始厌恶对方，如果因此而成为夫妻分离的原因，很让人可惜。

当然生活中，我们也经常看到很多人生活甜蜜，夫妻两人之间的感情非常好，不是因为双方不会产生矛盾，而是因为两个人会想办法化解矛盾，矛盾不仅不会成为影响婚姻和谐的利器，反而会成为增进夫妻感情的催化剂。对刚成人的我们来说，要想让自己以后的婚姻生活甜蜜，自己应该具有哪些感情知识呢？

俗话说：床头吵架床尾和。如果夫妻两人吵架了，尽量不要将吵架的情

绪拖到第二天，当天的事情最好当天解决，如果吵架隔夜了，拖到了第二天，就会让矛盾升级，本来沟通两句可能没什么问题的事，也会变得有问题了。所以，明智的婚姻者，应该尽量做到不要让矛盾隔夜，能在一天之内解决的争吵，就不要拖到明天去解决。

已经进入婚姻殿堂的人们应该知道，既然自己选择对方作为自己一生的伴侣，就应该懂得包容和理解对方，两个人从小生活的环境不一样，成长的经历、接受的教育都是有差异的，所以看待问题的方式、思维的方式以及最后解决问题的方式都是不同的，所以，要想让两个人产生一样的想法，肯定是很困难的。所以，当有矛盾的时候，应该静下心来好好沟通，不是上来就争吵。找出问题的症结所在，才能更好地化解矛盾。

伟和小丽结婚三个月了，虽然还是新婚，但是两个人经常因为生活的琐碎而发生些小争吵，仔细想想两个人吵架的原因，全是些芝麻小事、生活琐碎，不是因为谁洗碗就是因为鞋子没放好，不是因为做饭问题，就是因为洗衣服问题……伟每天总要经受小丽对他的指责，经常为此生一肚子的气，本来家务活就是两个人的事，小丽总以自己是家中的独生女不会干家务为由推卸责任，自己忍了，现在就连鞋的摆放也要拿出来做文章，这实在是让他难以忍受。男人本来就有大大咧咧的性格，现在让自己中规中矩的生活，自己也觉得别扭。虽然还是新婚，但是两个人的关系却已经结上了冰霜。

夫妻两个人能在一起生活，本来就是上天命定的缘分，只要彼此之间的一些小习惯不影响到大局，其实很多矛盾都可以避免。既然已经成为合法的夫妻，首先应该具有的品德就是互相包容、互相理解，多站在对方的角度上想想。遇到事情的时候，不要私自一个人下决定，毕竟婚姻是两个人的，多和对方商量一下，不要急躁，总会找到一个令双方满意的解决办法。

我们不久之后也会步入婚姻的殿堂，要想让自己以后的婚姻生活甜蜜，就应该多抛开那些自私的想法，多和对方沟通，不要以为时间是良药，一味地延误化解矛盾的时间，只会让人后悔莫及。

小小的惊喜让家庭氛围更快乐融洽

很多夫妻在一起生活后，会觉得生活变得很平淡，再也没有恋爱时的那种甜蜜和欣喜，整天就知道围着孩子转，围着工作转，两人的爱情在日复一日的生活中，变得平凡，甚至变得乏味、枯燥。

很多夫妻之间之所以感情出现问题，就是因为这种日复一日、毫无新意的白开水生活。于是出现了第三者、婚外恋，夫妻之间的感情像是鸡肋，食之无味，弃之可惜。

18 岁以后的年轻人不久就要步入婚姻殿堂，当夫妻在一起生活几年之后，原有的激情在日复一日的生活中会消失于无形，为了让自己以后能有个幸福的婚姻，我们应该学习些让婚姻持久保鲜的方法。最有效的方法就是经常在生活中制造些小惊喜，融洽家庭的气氛。

很多人在谈恋爱的时候，经常会毫无预警地为恋人制造些小惊喜，不是突然变出一枝花，就是突然拿出一份精心准备的小礼物，这些小礼物经常会让恋人感受到当事人的浪漫情结，恋人也经常会因为这些小礼物的出现而表现得满心欢喜。而人一旦进入婚姻，很多人会自动将这些浪漫情结摒弃出自己的生活，他们认为生活是现实的，是不需要浪漫气氛的，而且制造小惊喜、小浪漫应该是年轻人做的事情，自己一旦结婚，就已经告别了那个年龄段，于是他们不会再将其作为生活的一部分，甚至连这样的想法都不会再有。这是一种错误的观点，夫妻两个人在一起生活，是一辈子的事，虽然，两个人是有感情的，但是长时间的漠视就是变相的不关心、不在乎，可能自己心里不是这样想，但是对方的感受却是如此。

尤其是婚姻中的女人，女人本来就是对感情拿得起放不下的人，长时间被自己的丈夫忽视，很容易产生些不好的想法，是不是老公在外面又有别人

了,是不是老公不喜欢自己了,是不是老公不想要这家了……因为这些想法,她们会变得更加多疑、更加猜忌、更加敏感,再加上丈夫的不做解释,很容易引发家庭战争。这种战争究竟应该怨谁?每个人都有自己适当的理由,到底谁是正确的呢?

为了不让我们的婚姻走入这样的死胡同,我们应该学会在生活中制造些小惊喜,以此来融洽家庭的气氛。惊喜虽小,但是却可以让夫妻二人的感情更加深厚,可以让婚姻免于平淡,让爱情永远保鲜。我们应该如何制造这些小惊喜呢?经常留意他喜欢什么样的东西,比如在逛街时,看他中意哪样的衣服,可能因为价格的昂贵,他不舍得买下,我们留心记下来,当钱攒够数的时候,悄悄为他买下来,当成礼物送给他,保证他会大吃一惊,同时也会暗暗惊喜于我们的有心。

两个人在一起生活,本来就不需要太过奢华的东西,一个小小的礼物,上一束绽放的玫瑰,一副温暖的手套,一个可爱的头饰……只要用心,再微小的生活点滴也会折射出你对对方的关心和在意。

偶尔的小惊喜往往效果会更好一些,如果每天一件小礼物,时间久了会让人产生依赖感的,况且生活本来就是一条滔滔不绝的江水,总有浪花出现未必是好事,一个不经意间泛起的小小浪花,会让人更欣喜。所以,要制造惊喜也要选对时机,偶尔的小惊喜就可以达到自己的目的。

希望我们每个人在步入婚姻殿堂后,都能在平常的生活中为爱人制造些小惊喜,让家庭的气氛变得更和谐,让两人的爱情更甜蜜。

一起下厨做顿饭,全家共享快乐大餐

18岁以后的我们,以后也会有个属于自己的小家,不管是自己现在的家庭，还是自己未来的小家，家庭的气氛融洽，家庭成员之间的感情好，是每个家庭和睦的重要因素。要想让家庭美满，就应该学会加深家庭成员之间的感情。

人们在成家之后，很多人经常感受不到家庭生活的乐趣，每天早上起来要早早地上班，接着就是一天繁忙的工作，有孩子后，还要每天送孩子上学，下班后要接孩子回家，晚上还要忙碌一家人的晚餐，收拾整个家，还要监督孩子做作业，哄孩子上床睡觉，等一切忙完之后，自己才算是终于可以休息了。每天忙忙碌碌的生活让很多人已经看不到生活的乐趣，家庭成为了自己辛苦的负担，为生计所累，为养家糊口所累，为孩子所累，一天天的生活让人们对家庭成员的感情逐渐淡薄，人们开始变得烦躁、变得焦虑、变得固执，脾气越来越差，性子越来越急，就是父母多说一句自己就恨不得堵上双耳，更不要说爱人的唠叨了。这样的家庭气氛，很容易引发家庭危机，夫妻之间的战争频繁，孩子变得越来越不好教育，父母和我们之间的感情越来越隔阂。

所以每个要进入婚姻的我们，都需要知道，要想这样的悲剧不在自己的生活中上演，就应该多想些办法来维护家庭的和睦。不和睦的家庭里，会觉得做饭是种负担，每天周旋于厨房之间，焦虑于柴米油盐的琐碎中，自己生活的理想全都消磨在了一日三餐上，这种态度不仅会影响自己的情绪，也影响一家人的情绪。而和睦的家庭，经常将做饭当成是一种乐趣，时不时还全家人一起下厨房，家庭成员之间的感情在小小的厨房里瞬间升温，其乐融融的场面不仅成就了一桌子香喷喷的饭菜，也温暖了每个家庭成员的心。

所以，要想让家庭和睦，经常发动全家下厨房也是一个明智的方法。一个人为了家庭成员的吃饭忙活，很容易滋生出厌烦的情绪，很容易产生反感，而一家子人做，则不会有这样的情绪，因为全家的参与，会让做饭成为一种乐趣。

选个周末或者是放假时间，组织全家人一起下厨房，做几道大家喜欢的饭菜，妻子负责切菜，丈夫负责掌勺，孩子负责择菜，父母可以帮忙打下手，

一家人在一起劳动,既可以让人不觉得孤单寂寞,也可以和家人进行交流沟通。工作日的时候,大家各自忙各自的,没有一点闲暇时间进行交流沟通,此时的交流就会显得弥足珍贵。工作的不顺、孩子的困惑、老人的孤独,在此时都会被这浓浓的亲情给冲淡,所以,经常和家人一起下厨房,也是一个增进家庭成员感情交流的有效途径。

全家一起下厨房,不仅可以一起通过劳动做得一桌让大家流口水的香喷喷的饭菜,大家也能从中感受到一起分享劳动成果的乐趣。繁忙的工作,很多人都已经忘记了这也是享受生活的一种方式。很多人经常会带全家人一起去饭店吃快餐,虽然大家济济一堂,但是这之中少了很多应该有的乐趣,久而久之,会让彼此变得很陌生,也容易让人变得更加懒惰。

现在的生活节奏越来越快,很多人经常做的就是买快餐,也有很多人直接将做饭的义务丢给父母或者是自己的另一半,这样的生活一旦时间久了,不仅对方会不满,而且双方之间很容易产生隔阂。经常全家人一起下厨房,不仅可以从中感受到家庭的乐趣,也可以放松自己那颗疲惫的心,在最简单的做饭中,找到久违的家庭乐趣。

希望我们每个人都能在以后的生活中,经常组织全家一起下厨房,让家庭成员的感情,更加亲密,让家庭变得更加和睦。

家人需要的是真心的关切和爱护

两个相爱的人在一起,不仅仅是因为彼此吸引,更重要的是彼此的爱和关心。年轻人如果想让自己以后的家庭美满幸福,就应该做一个关心爱人的人。

我们中的很多人,大部分都是家中的独生子女,在家里的时候,有父母的疼爱，有亲戚的关爱，有朋友的友爱，种种的感情让我们很多人习惯了接受别人的爱护和关心，却不知道对对方赋予同样的爱和关心。但是我们终究会在不久的将来建立一个属于自己的小家庭，会有一个自己爱的，同时也爱自己的人。如果我们在家庭中，同样习惯于让自己做一个爱和关心的接受者，而不知道付出，就会让爱人对自己的爱产生动摇，甚至会因此影响到以后两个人的幸福生活。

从此刻开始，我们应该学着做一个会关心爱人的人。如果我们是男生，更应该学习一些如何在生活琐碎的点滴中，关心爱人的方式。女人是靠情感取胜的，情感方面的感受她们要比男人细腻得多。男人是否关心她们，直接影响到她们对整个家庭的态度。男人向来在感情上大大咧咧，于是很多男人在婚后的表现往往会和婚前大有不同，在婚后对爱人的关心要比婚前少很多，这直接影响到的是两个人之间的感情。没有一个女人不希望自己的老公关心自己，哪怕这种关心仅仅是一种口头上的问候，一样会给女人很多的感动。再细小的关心，在她们看来，传达的都是爱。

如果我们是女生，在婚后的生活中，也应该多关心一下陪伴着自己的爱人。两个人能够相识相爱到结婚，不仅仅是因为我们有缘分，重要的还是双方之间的爱。爱人是唯一一个会陪伴自己走完一生的人，经过漫长的时间后，双方之间的感情可能会变得很淡，恋爱时期曾有过的激情在时间的洗刷下，已经不再那么有魅力，浪漫无限的爱情最终会变成维系生活的亲情。家庭不和美的原因很多，而使家庭和美最重要的因素就是对彼此的关心。女人的心思本来就是很细腻的，老公对自己的忽视很容易成为女人情绪低落的根源。正所谓，己所不欲，勿施于人。男人的感情虽然不像女人般细腻，但是女人对他们的关心，他们同样很在意，或许他们不会在外表上表现出来，但是在心里他们肯定是非常高兴的。

很多人的家庭之所以不幸福，夫妻之间的感情很淡薄，归根结底是因为双方都不会主动地关心对方。每个步入婚姻殿堂的人，身上的重担就会增加，每天为养家糊口而奔波。关心爱人的理由仅有一个：爱。不关心对方的理由却可以有无数多个，不是上班时间紧，就是自己应酬多；不是自己没时间，就是自己没心情。种种理由的出现，成为了夫妻感情之间一道道无法逾越的鸿沟。由此导致的结果，就是两个人最后的感情破裂，最终成为熟悉的陌生人。

如果我们不想让这样的悲剧在自己身上上演，就应该学会关心爱人。做一个细心的爱人，做一个会关心爱人的人。关心的方式很多，不是非要每天嘘寒问暖，不是必须每天耳鬓厮磨，关心体现在生活的点滴中，体现在每个小细节上。注意爱人情绪的变化，做一个会知晓他心意的人，当他不开心时，应该问明原因，排解他内心的苦闷。他生气的时候，心平气和地劝解他，让他平复掉内心的怒火。爱人穿上了件新衣服，多夸两句；爱人换了个新发型，多赞美两句。爱人身上的改变，最希望的是引起我们的注意，得到我们的赞赏。女为悦己者容，就算她爱美，那也是为我们而美，为什么不多多欣赏她呢？天冷了，提醒他多加衣；生病了，提醒他按时吃药。不要以为这是唠叨，爱他才会将他的点滴放在眼里。

既然两个人已经组织成了小家庭，每个人身上的责任都是不容推卸的，不管是对家庭还是对爱人，双方之间的感情直接影响到家庭的和美与否。做个关心爱人的人，关心的话语不在多，简单朴实的话语，往往会在对方的心里汇聚成一股爱的暖流，对方同样会将这样的爱传递给你。彼此相互关心的爱人才能携手走过一生。

浪漫是爱情稳固长久的法宝

迈入了成年门槛的年轻人，完成了人生中一次大的蜕变，从一个不谙世事的青年人，开始变为独立的成年人。爱情不再是披着面纱的朦胧美，婚姻不再是遥不可及的海市蜃楼。我们中的很多人可能因为机缘的巧合,不久就会进入婚姻的殿堂。这本是很值得高兴的一件事,但是也有很多人,因为不懂得婚姻的保鲜之道,几年之后就会上演离婚的悲剧,如何让我们未来的婚姻更持久,夫妻之间的感情更和睦呢?

人们经常说,婚姻是爱情的坟墓,就是因为在婚前和婚后的相处中,人们投入的感情是不等的,这也是正常的。在得不到的时候,人们总会千方百计地将爱情收入囊中,总会苦苦追求着自己爱的人。为了追到自己心仪的对象,很多人经常是绞尽脑汁想出各种办法,来换得爱人的好感。与爱情相伴而来的往往是浪漫,有浪漫的陪伴,爱情变得更加美妙,爱人之间的好感迅速升温,可能最终会成为一段让人羡慕的良缘。

恋爱的美妙往往靠的是浪漫的加分,婚姻的幸福同样离不开浪漫。爱人之间重要日子的浪漫,往往会让爱人更加心花怒放,突然的浪漫要比预料中的浪漫更打动人。我们在以后的婚姻生活中,要想让自己的婚姻更幸福、更浪漫,和爱人之间的感情更牢固,就应该学会在重要的日子浪漫一下。

有些人之所以不会浪漫,不是因为他们没有时间,而是因为已经没有了年少时的那般好心情,他们认为都是老夫老妻的人了,没必要再浪漫。事实果真如此吗?爱情是短暂的,最多能维持18个月,而两个人的婚姻是漫长的,甚至是一辈子的,靠恋爱时的激情维持婚姻,是不实际的,也是不长久的。再刻骨铭心的爱情,再浪漫的爱情也会在平淡的生活中失去光彩。如果将婚后的生活比喻成大海,那浪漫就是大海中的浪花,没有浪花的点缀,大海让人枯燥;但浪花太多,也会让人应接不暇,容易使人疲倦。偶尔出现的浪花,会让大海更有趣味。生活中的小浪漫,往往会让生活免于平淡,让枯燥的生活变得更有趣味,让夫妻二人的感情时时新鲜。

在重要的日子里献上自己的浪漫情怀,往往会让对方满心欢喜。尤其是男人,男人向来是不善于表露情感的,平时的寡言少语,平时的庄重严肃,很容易让爱人消磨掉对他们的爱情,重要的日子会浪漫,不仅显示出了男人的细心,也说明了自己对爱人的关心和在意。

我们一旦和所爱的人,结成了婚姻,建立了属于自己的小家庭,就应该谨记和爱人共享的那些重要日子,爱人的生日、爱人家人的生日、相爱的日子、结婚的日子,以及其他有纪念意义的日子,都可以成为我们铭记的日子。重要的日子学会浪漫,不仅仅是为了纪念当时的那个日子,更重要的是和爱人共享在一起的美好时光。婚后的很多夫妻经常是各忙各的,两个人为了生活不断地辛苦打拼,很少有相聚在一起的美好时光,而重要日子的浪漫,往往会成为夫妻二人增进感情的最佳时机,坐下来一起享受这美好时光,让它们成为未来两个人最美好的共同回忆。

送给爱人一束玫瑰,表达你深深的爱意;送给爱人一首怀旧的歌曲,重温恋爱时的美好记忆;送给爱人一件他心仪已久的礼物,看他眼中流出的满心喜悦……夫妻二人能够在一起生活,关键的是让彼此的爱更加持久,和爱人共同度过人生的风风雨雨。重要日子送上的浪漫,送出的是对爱人的情怀,这不是用钱能买得到的,而是用心才能体会到的。

会浪漫的心,不会因为年龄的增长而变老;会浪漫的人,他的爱情不会因为生活的平淡而消失。拥有一颗浪漫的心,拥有一份浪漫的情怀,在重要的日子里,送给爱人,让他知道,就算生活再平淡,我们对他的爱依然在;就算生活再忙碌,他依然是我们最挂念的人。

希望我们每个人在婚后的生活中,都能和爱人浪漫地度过每一个重要的日子。

第十六章 20岁后学把敌人变成朋友

——多交朋友少树敌的交际策略

人们经常在成功后，感谢那些对自己有帮助的人，其中很多人会感谢他们的对手，因为对手的存在，所以他们才会不断地努力，督促着自己不断上进，最终超越了对手，成就了自己。18岁以后的年轻人在社会上肯定会遇到和自己实力相当的对手，要想战胜对手，不能仅仅是实力上的比拼，更重要的是战术上的博弈。用战术战胜对手的人，才是有大智慧的人。

让黑暗变成光明，把对手变成朋友

人们在成长的路上，经常会遇见和自己旗鼓相当的竞争对手，很多人不会处理和竞争对手的关系，总生活在和对手无休止的竞争中，没有一点让自己欣慰的成就。真正的智者应该是将对手变为自己的朋友，让彼此既能合作，又能竞争。

年轻人在今天的社会上同样面临着很多竞争对手。在学业上，很多人不仅仅是自己的同学，更有可能是自己学业上的竞争对手；在工作上，同事不仅仅是一起共事的工作伙伴，因为业绩，同事同样会成为自己成功路上的竞争者；在爱情的路上，同样会有爱情竞技场上的竞争对手。……由此可见，我们在自己的人生路上，会有很多对手，因为这些对手的存在，自己会不断向前；因为这些对手的存在，自己会变得更加向上。但是如果我们只看到彼此之间水火不容的竞争关系，就会让我们走入竞争的误区。因为看不见对方在自己身上发挥的积极作用，因为看不到自己身上的进步，总是想让自己超越对方，于是有很多人会因为竞争而不择手段，丧失自己的道德准则，这是很令人惋惜的。

真正的智者对待竞争对手的态度是：打时是对手，打完是朋友。很多人说职场是一场没有硝烟的战争。职场上的同事，既是自己工作上的伙伴，也是自己前进路上的竞争对手。当我们在面对加薪、晋升等事关个人前途的事情时，应该做的是，抛开自己心中的杂念，尽自己的最大努力和对方进行公平竞争。当我们在面对一个项目时，我们又是在统一战线上的同盟，项目的成功，需要的是彼此的合作、友好和相互帮助。如果因为对方是自己的竞争对手，就表现出不积极、不合作的态度，不仅显示出了我们的不成熟，也说明了我们不会正确处理和对手的关系。

和竞争对手做朋友,是对自己前途有利的一件事。因为对手会在无形中督促我们不断前进,如果自己停下前进的脚步,而对方一直在学习、在前进,自己的不进步,就是变相的倒退。在这个世界上,对自己了解的最透彻的往往就是竞争对手。我们对自己的了解往往会因为自己身在庐山中,而不知道庐山的真面目。朋友对我们的了解,往往会加入彼此的感情因素,会无意识地屏蔽那些对我们不利的因素。只有我们的对手,能够以客观的眼光审视我们身上的优点和缺点,将我们分析得十分透彻,目的就是为了更好地打败我们。和他们做朋友,就能更清楚自己的优势和劣势,让自己在以后的竞争中,扬长避短,取对方之长补己之短。

要想和竞争对手做朋友,自己首先应该做的是端正自己的态度,不要因为对手关系,就认为对方是自己的敌人,很多人的经验证明,对手往往是那个陪伴自己走上人生巅峰的最不可多得的朋友。对手往往是我们自身实力的真实反应,一个精英人物的竞争对手肯定也是个精英,一个资质平平的人的竞争对手,往往也不会拥有很大的潜质。所以竞争对手往往是和自己旗鼓相当的人,在同一层面上的竞争,往往才是最有价值的竞争。将对手变为朋友,双方可以资源共享,可以相互激励,在竞争的外衣下,双方之间流动的可以是珍贵的友谊和永不懈怠的拼搏。

要想将对手变为我们的朋友,我们应该做的是欣赏对方,看得到对方身上值得自己学习的地方,不能因为自己的妒忌,就故意诋毁对方,这种不公平的竞争,会毁了你的形象,不仅让你提前出局,更成为你人生上的污点。大度一点,慷慨一点,很多伟人之所以成为伟人,就是因为他们能够豁达、客观地看待自己的对手。珍惜自己的对手,因为只有他能让你品尝喜悦的滋味,不要因为对方的成功就轻视自己,人生的战场重要的不是最终的输赢,而是谁能笑对人生。能正视对手成功的人,往往是胸怀宽广的人,这样的人,虽败犹荣。

希望我们每个人进入社会后,都能处理好和竞争对手的关系,将对手变为自己不可多得的朋友。

感谢竞争对手让你得到快速进步

很多人在说起自己的成功经验时，经常会提到一个人，那就是自己的对手，“谢谢对手，自己才能取得今天的成功”，“没有对手，就不会有今天的自己”。为什么很多人在成功的时候，总是会感谢自己的竞争对手呢？

年轻人对竞争对手是不陌生的，因为自己在成就学业的路上，经常会有对手的陪伴，没有竞争对手的人，往往很容易让自己满足，失去进取之心。有竞争对手的人，则会因为竞争对手的存在，而让自己变得更加进取、更加拼搏。由此可以看出，一个人要想成功，在他通向成功的路上，最少不了的就是竞争对手的身影。

很多年轻人，经常对对手持这样一种错误的观点，因为对方和自己是竞争关系，所以，希望看见的是自己的成功，于是会想尽办法地让对手输，甚至很多人为了让自己取得胜利，进入了一种怪圈，忘了自己的初衷，认为自己竞争的目的仅仅是为了打败对方。这种错误的观点不仅会让自己的眼光变得狭隘，也让自己的思维进入了死胡同，看不到对方在自己身上的明镜作用，看不到对方在自己身上的激励作用，这样的竞争就是偏离了正常轨道的竞争，很容易让人顾此失彼。

真正的成功者对待竞争对手是持欣赏态度的，他们感谢竞争对手在自己成功路上的激励，感谢对方给自己的压力和动力。心胸狭隘的成功者，只看到自己成功的喜悦和对方的狼狈，这样的成功仅能持续一时，因为他的轻视，因为他的不懂欣赏，所以，他最终会败在自大和轻敌上。

作为年轻人，要想让自己能够走出一条成功的人生之路，首先应该做的

就是正视对手,感谢对手。感谢他们能够和自己在同一条路上拼搏,感谢他们成为自己不断奋进的动力,感谢他们不懈的追求同时激励了自己,感谢他们激发了自己最大的潜能。一个没有竞争对手的人,是不会有多大前途的,因为他不知道自己应该怎样努力;一个没有竞争对手的人,与其说他的实力强,不如说他的人生太过孤单,他终会在没有目标、没有同伴的人生路上迷失自己。

有些人曾经描述过非洲雄狮和长颈鹿的一段竞争表现。每天清晨,非洲雄狮总要告诉自己,今天我一定要努力奔跑,只有这样自己才能成功抓住长颈鹿,让自己生存下去。每天长颈鹿也不断告诫自己,今天我一定要努力奔跑,只有这样,自己才能摆脱雄狮的追捕,为自己赢得一条活路。正是因为每天都面临着这样激烈的竞争,非洲雄狮和长颈鹿的奔跑速度要比其他地方的雄狮和长颈鹿的奔跑速度快。在和对手的激烈竞争中,它们实现了自身的超越。

年轻人步入社会,在社会上遇到和自己实力相当的对手,往往是自己的幸运。好的竞争对手,既是我们成功路上的一面镜子,也是我们成长路上的老师。真正的对手,是我们拼尽全力才能超越的对手,因为对手的存在,我们才不会妄自尊大,才不会因为一点小小的成就就冲昏了头脑。对手的存在,往往会成为我们保持冷静头脑的警钟,时时提醒自己看清眼前的景况,让自己不断前进,不断拼搏,和对手在一条战线上不断奋力向前。

正视对手,正视结果,不管最后谁是赢家,我们的心在竞争的过程中,变得更加坚强,我们的毅力在竞争的过程中变得更加持久,我们的成就在竞争的过程中不断实现飞跃。就是因为竞争对手的存在,我们不会满足,我们会一直以乐观向上的精神不断拼搏在成功的路上。

所以,我们要想取得成功,要想让自己的人生更加璀璨,要想让自己能够登上人生的巅峰,重要的就是应该正视对手、感谢对手。

没有对手的人是悲哀的,有对手但是却不知道尊重对方,甚至是不择手段地击败对方的人,是人格欠缺的,因为他不知道什么才是真正的成功。学会感谢对手，让我们在成功的路上不孤单；感谢对手，让我们的人生更闪耀。

示人以弱，让对手放松警惕

在生活中，能放下架子做“弱者”，也是一种人生的姿态。在今天的社会上，人们之间的竞争更加激烈，一味让自己表现出强者的姿态，就会在生活中处处为自己树敌，让自己的人生之路充满坎坷。

对18岁以后的年轻人来说，因为刚刚进入社会，最重要的是让自己更好地在社会上立足，如果一开始就让自己表现得很强势，很容易成为别人眼中的对手。要想让自己更好地前进，最好的方法是学会示弱的人生智慧。

在人们的观念中，弱是不能和强相抗衡的，表现得弱势，很容易迷惑对手，让对手放松警惕。弱者能屈能伸，知道灵活应变，因此他们在社会上往往更容易生存下去。作为强者，如果一味让自己表现得很强势，甚至是故意装得很强势，就会遭受到很多磨难和挫折，因为不懂得示弱，总是让自己暴露在对手的视线下。越强势的人，树敌就越多，因为他不知道生存的智慧。这样的人往往会在强大对手的攻击下，粉身碎骨。

主动示弱，不是显示自己的懦弱，而是为了更好地生存。我们应该明白，在社会上行走，人外有人，天外有天。真正的强者，往往不是那些表现强势的人，而是善于隐藏自己实力的人。就像大自然一样，很多太过强大的生物，到最后往往是灭绝的下场，而一些弱小的动物往往能在经历大自然的选择后，坚强地生存下来，就是因为它们是弱者，所以，它们善于隐藏自己，善于躲避那些有害因素。

示弱是一种人生的智慧，是人生存和发展的前提。强者不懂得规避锋芒，弱者善于隐藏锋芒；强者喜欢让别人对自己俯首称臣，弱者善于在别人

忽视的眼光下积蓄力量;强者喜争强好胜,弱者善韬光养晦。两种不同的人生观,自然会有两种不同的人生结果。强者往往会在激烈的竞争中,让自己处处受敌,因为对自己的本领自视甚高,很容易在竞争过程中让自己受挫。如果他们在竞争中胜利了,他们很容易就此轻敌、盲目自大;如果他们在竞争中输了,他们很容易一蹶不振,并且很难再恢复以往的壮志雄心。弱者总是在狭缝中蓄积自己的力量,在别人轻视的眼光中,增加自己的实力,在适当的时机,厚积薄发,一鸣惊人。

作为刚进入社会的我们,应该学会用示弱的智慧来为自己赢得生存的空间,用示弱的智慧让自己更好地生存、发展下去。

我们中的很多人,可能会对此不屑一顾,认为只有性格怯弱的人,才会做出这种没有颜面的事,这种观点是错误的。示弱不是屈服,不是怯弱,只是为了更好地积蓄力量。如果我们在生活和工作中,让自己表现得很强势,锋芒毕露,很容易就此成为众人眼中共同的敌人,于是其他人就会站在同一阵线上共同攻击你。我们刚刚从学校进入社会,工作生活的经验不是很多,在社会上闯荡的经历也很少,人脉也没有开始建立,现在这个阶段的我们正处于积累自己实力的最好时机,示弱应该是我们首选的人生智慧。让别人对我们放松警惕,麻痹别人的眼睛,让自己成为别人眼中不足以与之为敌的对象。只有这样我们才能在激烈的竞争中,为自己找到一个适合生存和发展的空间。

历史上一再上演强者自毁前程、弱者成就自己的故事。妇孺皆知的就是刘备的故事,刘备最后能够和曹操、孙权形成三足鼎立的局面,就是因为他善于示弱,从身为曹操的下属,种田浇菜开始,刘备就知道自己羽毛未丰,尚不能和曹操争雄,虽然他心存大志向,但是为了让自己养精蓄锐,他在关羽和张飞的不解中,依然能够我行我素的示弱,正是有这种智慧,刘备最终能够三分天下,成就自己的霸业。

适当的隐忍不是有所退缩,而是为了更好地前进。大丈夫能屈能伸,方能成就自己。没有隐忍的胆量,没有示弱的智慧,最终只会在激烈的竞争

中，四面碰壁，当生存都成问题的时候，何谈成就？

所以，希望我们每个人在进入社会后，都能从示弱的人生智慧中，成就自己。

别硬碰硬，用小手段扰乱对方思路

人们在生活中，经常会遇到些实力相当的对手，如果自己硬拼，要是自己的实力和对方差不多的话，很难取胜，但是如果自己不拼的话，又会觉得输得不甘心，如何才能让自己更好地战胜对手呢？

要想让自己在和对手的竞争中，成为赢家，不仅要有智慧，重要的是还要有手段，用些手段来扰乱对方的思路，趁机让自己占据有利的地位，在竞争中一举成功。

一些人为了战胜对手，经常会想出很多不公平竞争的手段，比如故意毁坏对方的名声，放出很多对对方不利的传言，这样的手段很容易让自己惹祸上身，弄巧成拙，偷鸡不成反蚀把米。

要想扰乱对手的思路，用这样阴险的招式很难达成目标，所以可以换种方法。要想战胜对手，自己首先应该有信心，就算自己在实力上可能会稍逊一些，但是自己也应该表现得很自信，从气势上压倒敌人，往往对手会先乱阵脚。竞争的过程中，应该稳扎稳打，决不松懈半分，沉着应战的结果，往往会让自己备添信心。不要诋毁对手，因为这样的方式，只会显示出自己的素质不高。和对手的竞争不仅是实力上的竞争，更是心灵和人格上的较量。还要有坚定的信心和持久的毅力，竞争的时间往往会持续很久，很多人最终输给对手，不是自己的实力不行，而是自己在中途丧失了必胜的信心，如此与成功失之交臂，着实让人可惜。所以，不管最后的结果如何，我们都应该

坚持到最后。

我们不仅要在心理上学会调整,在战术上,也应该学会隐藏自己的真实意图。和对手的竞争,直观上的战胜对手不是目的,只有从意志上战胜对手才是真正的胜利。竞争的目的是为了满足自身的利益,实现自己的目标,战胜对手只是在实现目标的过程中的一个必要条件。战胜对手不是将对手打倒,或者是让对手妥协,因为这不是最终的目的。重要的是要看清自己真正的目的,如果仅仅是将战胜对手作为自己的终极目标,就会让自己走上极端。要想实现自己的目标,不仅仅只有和对手对着干这一条路。还有一个很好的方法就是和对手实现全胜。将对手作为朋友,往往会让自己赢得更精彩。

用全胜的方法战胜对手,是最有效的方法,既能保护自己的实力,也能将对手的实力拿来使用。以往战胜对手的方法往往是"歼敌一千,自伤八百",不管最后哪方胜利了,两方都会损失惨重,尤其是在实力相当的情况下。这样的方法在今天的社会上已经不再广泛使用。就像美国历史上的一则小故事说的那样:一天,一个士兵问林肯总统,如何才能更好地打赢战争,林肯先生说,方法很简单,就是将对手作为自己最好的朋友。用这样的手段,来击败对手,对手肯定会消失于无形,不仅"消灭"了很多敌人,也多交了朋友,何乐而不为?

将对手作为朋友看待,就会让对方少很多戒心,只要自己诚心实意地想和对手做朋友,将彼此的条件坦诚布公地摆在桌面上谈,将对手作为朋友的不利和有利因素全都说出来,让对手知道全胜的思想不仅不会让自己有所损失,对自己的好处远远胜过打败对手,这样一来,双方能不联手作战吗?

由此看来,战胜对手的方式如此多,自己不一定就非要认准将对手打败这条路,只要能够实现目标,就算使用全胜的方式也是可以的。战胜对手,不仅是为了证明自己的实力,更重要的是达成目标。希望我们在和对手的竞争中,能够选对竞争的方法。

取人之长补己之短，让自己变得更完美

人生路上，最好的老师就是自己的竞争对手，因为对手会将你的长处和短处分析得一清二楚。要想战胜对手，最好的方法就是取对手之长补己之短。

年轻人在进入社会后，在遇到和自己实力相当的对手时，首先应该庆幸，因为自己的人生之路从此不再孤单，对手不仅仅是竞争的关系，更是自己一生中值得交往的朋友，值得学习的老师。取对手的长处，补足自己的短处，就会让自己的短处变长，同时更能有效促进长处和优势的发挥，最终让自己在激烈的竞争中获胜。

我们要想在生活中能够取对手之长，补己之短，首先应该摆正自己的态度，尊重对手。对手是和自己旗鼓相当的人物，那么对手的水平往往也显示我们的水平。所以尊重对方就是尊重自己，正视自己。很多成功的人士之所以能够取得成功，不可置疑的是他自身的因素，但是更多的是，他能从对手那里学到很多的东西，从对手那里获得前进的动力。对手激发了他们的潜能，激发了他们不断向上进取的决心，让他们在面对困难时，能迸发出更大的勇气和必胜的决心，也正是因为这样，他们不满足于一次次的成功，在成功中依然能分清自己前进的方向，找到自己最终的航向，让自己不会在成功中迷失。也正是因为有对手的存在，所以他们始终有奋斗的目标，将对手当成是自己超越的目标，让自己在不断地学习中，实现自身的飞跃。

很多人也许会认为对自己帮助最大的应该是自己的朋友。朋友是自己人生之路上不可或缺的志同道合的人，但是朋友因为有友谊的基础，所以朋友对你的分析往往只停留在好的层面上，就算他们知道我们身上有哪些缺

点，但是因为这并不影响我们之间的友谊，所以，可能他不会告诉我们，我们需要改正哪些地方。对手不同，对手和你的关系是同一条路上的竞争者，虽然不是殊死搏斗的残忍关系，但是双方之间的较量同样会让人神经紧张。我们一心想做的是，胜过对方，对方和我们有同样的想法，我们将自己的眼光盯在对方不擅长的短处，而对方同样伺机在我们薄弱的地方一举打败我们。从对手身上学习自己应该学习的地方，无疑是最好的方式，因为对手会将你分析得彻彻底底。正所谓，“知己知彼，百战不殆”。

很多人为了战胜对手，经常会不择手段，专门找对方身上的缺点和缺陷进行攻击，甚至是故意诋毁对方的名声。为了赢得竞争，采用这种不公平的竞争方式，就算自己稳操胜券，那也赢得不光彩，不仅不会让对手信服，反而为自己的未来埋下了隐患。

我们在今后的人生道路上，应该有个正确的竞争观，自己和对手在竞争时是对手，但是在竞争的背后，我们是朋友，就算自己和对方竞争，那也应该是公平的竞争，只有公平的竞争才能体现一个人的原则和人格。一个没有公平竞争之心的人，为了赢得竞争，很容易让自己变得极端，甚至因此而人格扭曲，看不见自己在竞争过程中学到的东西，看不见自己在竞争过程中，锻炼出来的坚强的心，看不见自身的飞跃。因为太看重结果，所以，他们的缺点会更加暴露，他们的短处，会更容易成为他人攻击的地方，最终自己终会输在自己的缺点和短处上。

对于18岁以后的年轻人来说，要想让自己能有所成就，选对对手很重要，优秀的对手，会促进你成就一番事业，会让我们从他们的身上看到自己的不足和短处，让我们能够从他们身上学到很多东西，以弥补自己的短处，让自己变得更优秀。

别把对手逼上绝路，小心兔子急了咬人

在人生路上，碰见和自己条件、实力差不多的对手，是一种荣幸，两个人在彼此的激烈竞争中，会不断激励着自己实现超越。但是和对手的竞争也是有个限度的，千万不能将对手逼到绝路上去，这样做既害了对方，也会伤到自己。

年轻人喜欢争强好胜，和对手竞争的时候，也总是喜欢让对手输得一败涂地，让自己赢得风光满面。的确，这样的结果很能让自己扬威，让自己在人前风光一段时间，但是这样的风光，真的就代表自己的成功吗？

在一些大型比赛上，人们经常看到的是这样的场面，不管是哪方赢了，赢的一方总会在比赛结束的时候，上前给对手一个拥抱，给对手一个真诚的微笑，因为他们知道对手虽然输了，但是对手的表现同样很优秀，同样值得自己敬佩。

我们在社会上行走，应该记住这样一句话，不到迫不得已，千万别把对手逼到绝路上。就像古话所说，得饶人处且饶人。在自己得胜的时候，也应该学会放过对手，给对手一条生路，给他留点颜面，让他有个下去的台阶。放对手一条生路，既彰显了自己高尚的人格，也为自己的未来留下一条后路。

被逼上绝路的对手，往往会釜底抽薪，孤注一掷，所以，这个时候，我们就应该小心对方是不是从别的方面攻击你，比如可能会选择坏你名声，或者是故意宣传一些无中生有的事，甚至是捕风捉影的说你坏话，这些都是很正常的。虽然我们清楚这是对方的所为，但是对方这样做的原因不都是因为我们当时的不肯留情吗？这是自己酿制的苦果。

和对手之间的竞争,本来就应该是公平的相互竞争,双方只有在公平竞争的基础上,才能看出自己真正的实力;只有在公平竞争的基础上,才能知道自己的长处和短处,才能知道对手的珍贵。

所以,这样的争强好胜是要不得的,不仅仅是为了对手,更是为了自己的未来。既然自己已经赢得了竞争,给对方一个台阶,对自己的胜利不会造成任何影响。但是对对手来说,因为我们的网开一面,对方会感觉到我们高尚的情操,体会到我们的仁慈和善良,在以后的人生中,他们会更加珍视我们这样的对手。

人都是有感情的,将心比心,不管是为了自己好,还是为了对手好,不到万不得已的时候,千万别把对手逼上绝路。

年轻人和对手打交道的经验还不是很多,在和对手过招的时候,一定要谨慎,不要让自己的光彩建立在对方的没面子上,对方输了,这已经很让他没面子了,为了不让他走上绝路,最好给对方一个台阶下。

用双赢的合作取代无休的竞争

现代社会是一个非常重视竞争和合作的社会,竞争可以显示一个人的才华、能力,竞争能让一个人在众人之间崭露头角。但是仅有竞争的意识是不行的,一个没有合作意识的人,往往会在大家的排挤中,走向极端。

我们很多人,已经进入职场,开始和同事共事,如果仅仅看到了同事之间为争夺地位、金钱和权力而进行的竞争,就会陷入怪圈。为了争夺这些名利上的东西,会让自己变得闭目塞听、勾心斗角,甚至会尔虞我诈。和对手之间的关系充满了强烈的火药味,一触即发,这种关系不管是对我们还是对公司,都是不利的,因为我们的情绪已经影响到了工作。仔细想想,将对手打败是否真的就能实现目标，是否真的就能圆满解决问题。

我们需要知道，在和对手交往的时候，合作比竞争更重要。竞争使得人们为了争夺名利，而不断争夺有限的资源，为了得到想要的结果，很多人经常会不择手段采用不公平竞争的方式。如果我们心中只有竞争的意识，就会让自己变得越来越封闭，看不见别人的进步和帮助，看不见自己的冲动和盲目，这样的竞争，就算我们取得了胜利，也是不会长久的。要知道对手和我们的关系虽然是竞争的关系，但是这不影响我们之间的合作。合作可以使我们资源共享，可以让我们互相帮助，只要蛋糕做大了，双方都会有得分。仅仅看重自己的利益，就会限制了自己的思路，孤军奋战，很容易在合作的狂潮中被淹没。

现在的人们已经懂得了合作的重要性，竞争的激烈可以想象，但是因为知晓合作的重要性，很多商家为了能够赚得更多的利润，经常抱团，就像现在的“温州一条街”，小吃一条街，明明大家是竞争的关系，但是为了招揽更多的顾客，他们选择了合作，这无形中也促进了各自的生意。

现在的商海行情不定，金融风暴的危险更是长久存在，一个不会合作只会竞争的企业不会长存，一个不会合作的人，不会长久发展，因为他不懂得如何充分发挥现有的资源。就像一滴水，如果想让自己存活时间更久，只有融入到大海中，它才会变得有生命排斥其他的水滴，只会让自己早早蒸发。竞争和合作是不矛盾的，和对手的合作，往往会让双方都能发挥更大的价值，产生 1 +1 >2 的功效。

我们现在正处于职业的起步阶段，和对手打交道的经验也不是很多，如果我们仅看到了对手和我们的竞争关系，就会想办法战胜对方，这种竞争的最后结果可能会让我们两败俱伤，而双方一旦合作，就能高效完成原有的工作，在合作的过程中既能资源共享，也能互通有无，还能化解彼此之间的紧张气氛，融洽两人之间的关系，为以后的合作打下基础。

21 世纪的社会，是一个人才济济的社会，人们之间的竞争越来越激烈。与其单方面的小胜，不如让双方实现共赢。合作的目的是为了进行更公平

的竞争,公平的竞争会让双方更善于合作。所以年轻人首先应该树立正确的观点,竞争的目的不是两败俱伤,不是水火不容,是为了督促自己不断奋进,迸发出更大的激情。合作是为了让我们实现更高的飞跃,只有会合作的竞争者才能在未来的激烈竞争中,立于不败之地。

希望每个年轻人在进入社会后,不要让竞争冲昏了自己的头脑。个人价值虽然会在竞争中体现,但是会合作的竞争,更能体现出年轻人的个人魅力。

参考文献

[1] 吴维库. 阳光心态[M]. 北京:机械工业出版社,2006.

[2] 李欣频. 十四堂人生创意课[M]. 北京:电子工业出版社,2008.

[3] 李开复. 做最好的自己[M]. 北京:人民出版社,2005.